技工院校一体化课程教学改革电梯工程技术专业教材

电梯一般故障检修

人力资源社会保障部教材办公室组织编写

中国劳动社会保障出版社

内容简介

本书主要内容包括电梯不运行故障检修、电梯开关门故障检修、电梯呼梯失效故障检修和电梯显示不亮故障检修四个学习任务。

图书在版编目（CIP）数据

电梯一般故障检修 / 人力资源社会保障部教材办公室组织编写 . -- 北京：中国劳动社会保障出版社，2021

技工院校一体化课程教学改革电梯工程技术专业教材

ISBN 978-7-5167-5195-4

Ⅰ. ①电…　Ⅱ. ①人…　Ⅲ. ①电梯－故障诊断－技工学校－教材　Ⅳ. ①TU857

中国版本图书馆 CIP 数据核字（2021）第 232544 号

中国劳动社会保障出版社出版发行

（北京市惠新东街 1 号　邮政编码：100029）

*

三河市华骏印务包装有限公司印刷装订　新华书店经销

787 毫米 ×1092 毫米　16 开本　6.5 印张　111 千字

2021 年 11 月第 1 版　2024 年 5 月第 4 次印刷

定价：12.00 元

营销中心电话：400-606-6496

出版社网址：http://www.class.com.cn

http://jg.class.com.cn

技工院校一体化课程教学改革教材编委会名单

编审委员会

主　任：汤　涛

副主任：张立新　王晓君　张　斌　冯　政　刘　康　袁　芳

委　员：王　飞　杨　奕　何绪军　张　伟　杜庚星　葛恒双

　　　　蔡　兵　刘素华　李荣生

编审人员

主　编：刘建平

副主编：陈恒亮　宫义才

参　编：罗　飞　骆建仪　李　婵　陈立香　欧佳沛

主　审：崔晓钢

■ 序

习近平总书记指示："职业教育是国民教育体系和人力资源开发的重要组成部分，是广大青年打开通往成功成才大门的重要途径，肩负着培养多样化人才、传承技术技能、促进就业创业的重要职责，必须高度重视、加快发展。"技工教育是职业教育的重要组成部分，是系统培养技能人才的重要途径。多年来，技工院校始终紧紧围绕国家经济发展和劳动者就业，以满足经济发展和企业对技术工人的需求为办学宗旨，既注重包括专业技能在内的综合职业能力的培养，也强调精益求精的工匠精神的培育，为国家培养了大批生产一线技能劳动者和后备高技能人才。

随着加快转变经济发展方式、推进经济结构调整以及大力发展高端制造业等新兴战略性产业，迫切需要加快培养一批具有高超技艺的技能人才。为了进一步发挥技工院校在技能人才培养中的基础作用，切实提高培养质量，从2009年开始，我部借鉴国内外职业教育先进经验，在全国200余所技工院校先后启动了三批共计32个专业（课程）的一体化课程教学改革试点工作，推进以职业活动为导向，以校企合作为基础，以综合职业能力培养为核心，理论教学与技能操作融会贯通的一体化课程教学改革。这项改革试点将传统的以学历为基础的职业教育转变为以职业技能为基础的职业能力教育，促进了职业教育从知识教育向能力培养转变，努力实现"教、学、做"融为一体，收到了积极成效。改革试点得到了学校师生的充分认可，普遍反映一体化课程教学改革是技工院校一次"教学革命"，学生的学习热情、综合素质和教学组织形式、教学手段都发生了根本性变化。试点的成果表明，一体化课程教学改革是转变技能人才培养模式的重要抓手，是推动技工院校改革发展的重要举措，也是人力资源社会保障部门加强技工教育和职业培训工作的一个重点项目。

教学改革的成果最终要以教材为载体进行体现和传播。根据我部推进一体化课程教学改革的要求，一体化课程教学改革专家、几百位试点院校的骨干教师以及中国人力资源和社会保障出版集团的编辑团队，组织实施了一体化课程教学改革试点，并将试点中形成的课程成果进行了整理、提炼，汇编成教材。第一批试点专业教材 2012 年正式出版后，得到了院校的认可，我们于 2019 年启动了第一批试点专业教材的修订工作，将于 2020 年出版。同时，第二批、第三批试点专业教材经过试用、修改完善，也将陆续正式出版。希望全国技工院校将一体化课程教学改革作为创新人才培养模式、提高人才培养质量的重要抓手，进一步推动教学改革，促进内涵发展，提升办学质量，为加快培养合格的技能人才做出新的更大贡献！

技工院校一体化课程教学改革
教材编委会
2020年5月

目　录

学习任务一　电梯不运行故障检修

学习目标

1. 能读懂电梯不运行故障检修任务书，与客户等相关人员进行专业沟通，明确检修任务。

2. 能描述门锁回路、安全回路主要元器件的作用及安装位置，识读门锁回路、安全回路原理图。

3. 能利用故障树分析电梯不运行故障的原因。

4. 能制订电梯不运行故障的检修计划和方案，并进行方案优化。

5. 能根据安全操作规程和检修要求，正确使用工、量具和防护用品。

6. 能进行故障查找前主要设备的检查及安全回路、门锁回路故障检修，并正确填写检修记录表。

7. 能主动获取有效信息，展示工作成果，对学习与工作进行总结与反思，并能与他人开展良好合作，进行有效沟通。

36 学时

工作情景描述

某宾馆有一台日立 YPVF 电梯出现停梯不运行故障，客户向维修企业客服报修后，客服将问题反映给维保部经理，维保部经理将任务分配给维修人员，要求维修人员在 1 h 内完成电梯不运行故障的检修工作，使电梯正常运行。

工作流程与活动

学习活动 1　明确检修任务（4 学时）

学习活动 2　检修前的准备（10 学时）

学习活动 3　检修实施（20 学时）

学习活动 4　工作总结与评价（2 学时）

学习活动1　明确检修任务

学习目标

1. 能识读电梯不运行故障检修任务书，明确检修任务。

2. 能描述门锁回路、安全回路主要元器件的作用及安装位置。

3. 能识读门锁回路、安全回路原理图。

建议学时　4学时

学习过程

一、明确工作任务

电梯维修人员从维保部经理处领取电梯不运行故障检修任务书，到达现场与客户方的电梯安全员进行沟通，获取电梯型号、参数、电路图纸，阅读相关的安全操作规范，完善电梯故障现象记录，了解本次工作的基本内容。

电梯不运行故障检修任务书

故障日期		报修人 及联系电话	
报修时间		接报人	
地　　址		到达时间	
完成时间		困　　人	有□ / 无□ 困人时间：　时　分

续表

故障现象			
故障原因			
处理结果			
客户意见	客户签名：　　　　日期：		
备　注			
维保部经理		维修作业人员	

注：“故障原因”“处理结果”和“客户意见”栏等需在完成后续相应学习活动后填写。

二、认识门锁回路、安全回路主要元器件

查阅相关资料，认识门锁回路、安全回路的主要元器件。

门锁回路、安全回路元器件认识表

图示	说明
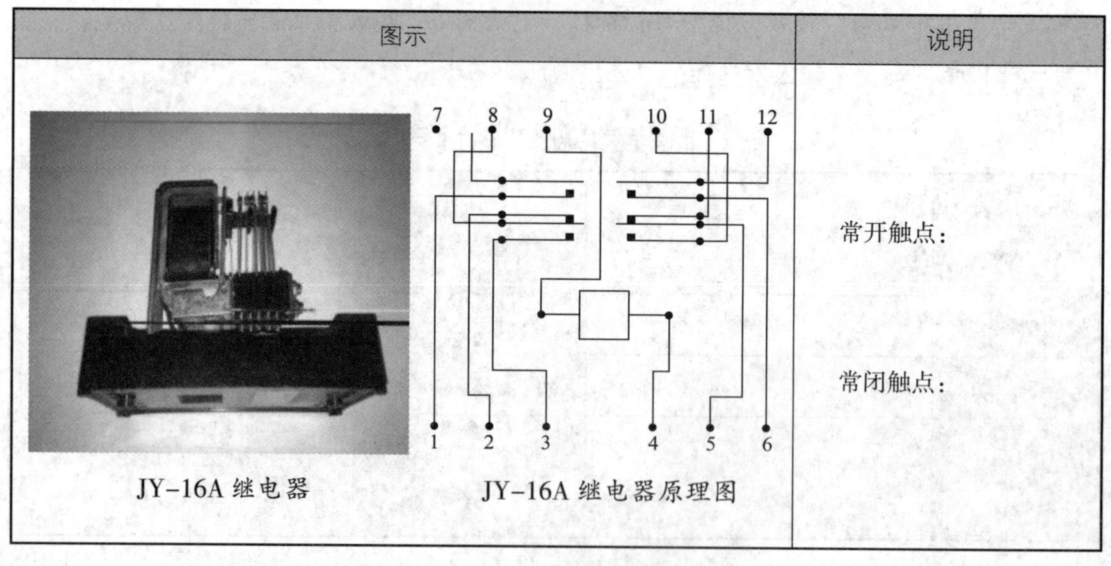JY-16A 继电器　JY-16A 继电器原理图	常开触点： 常闭触点：

续表

图示	说明
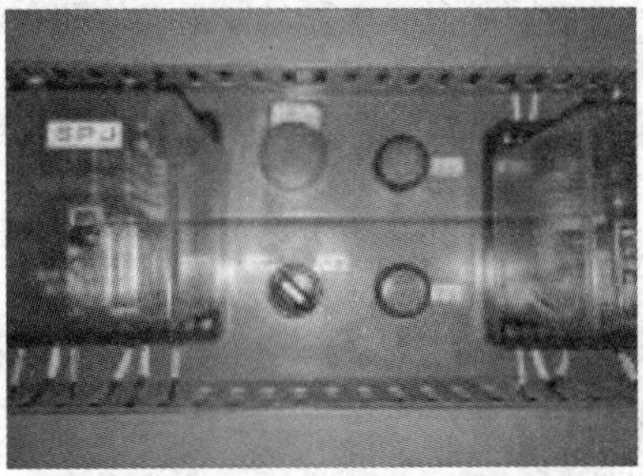 急停按钮（JTK）	操作方法：
 热保护继电器（MRJ）	作用： 复位方法：
 上极限开关（ZXK、ZSK）	作用： 安装位置：
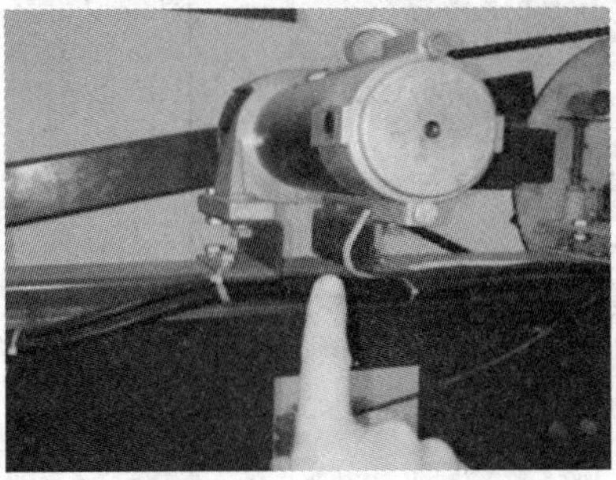 门机电动机	门机电动机是用________供电的，原因：

续表

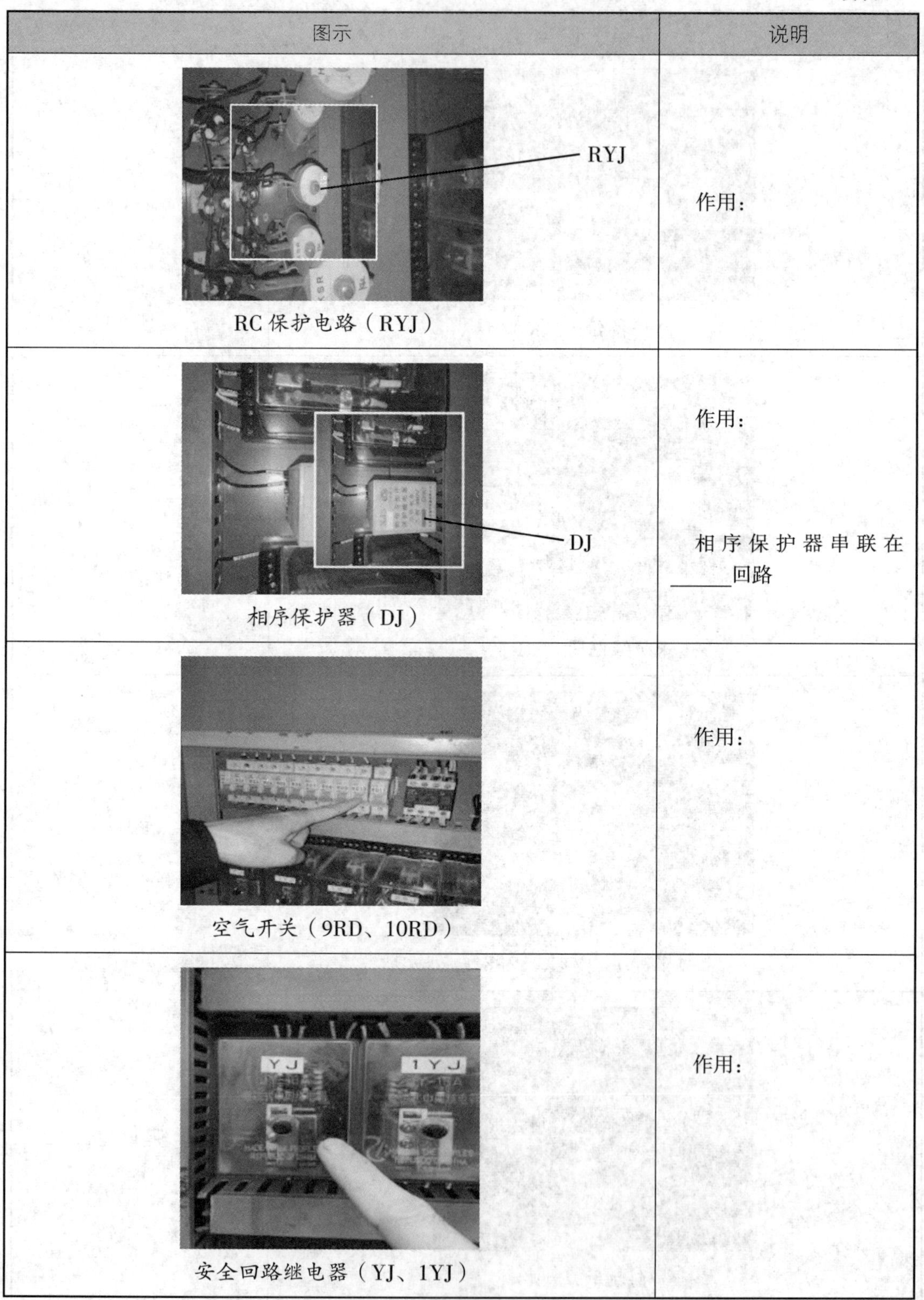

图示	说明
RYJ RC 保护电路（RYJ）	作用：
DJ 相序保护器（DJ）	作用： 相序保护器串联在______回路
空气开关（9RD、10RD）	作用：
YJ 1YJ 安全回路继电器（YJ、1YJ）	作用：

三、识读门锁回路、安全回路原理图

1．根据门锁回路和安全回路原理图，分析门锁回路的工作过程。

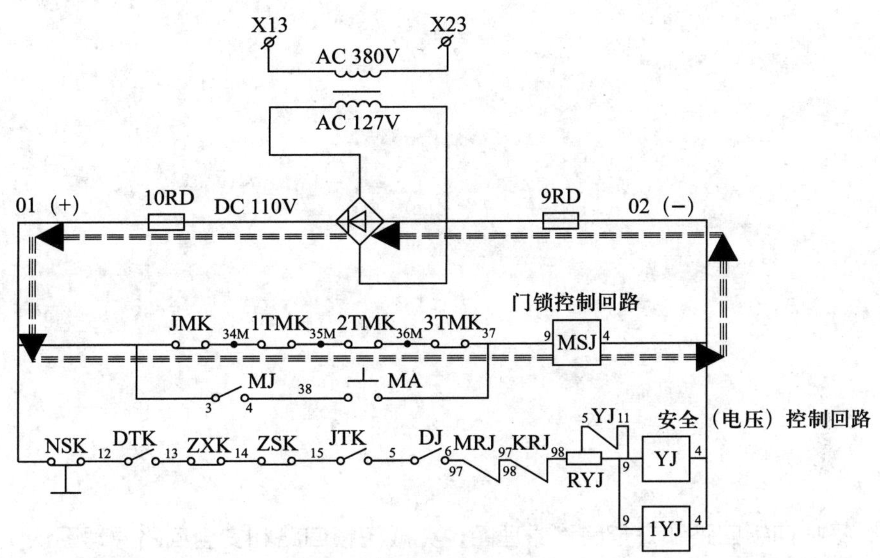

门锁回路和安全回路原理图

2．根据门锁回路和安全回路原理图，分析安全回路的工作过程。

3．根据门锁回路和安全回路原理图，完成门锁回路和安全回路原理图认识表的填写。

门锁回路和安全回路原理图认识表

图示	说明
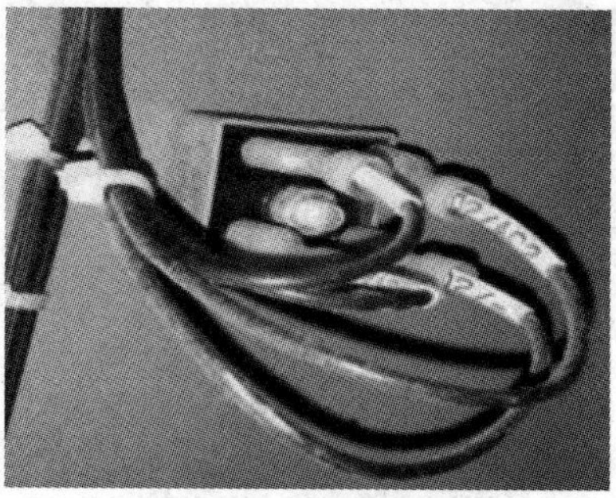	桥式整流电路的作用：
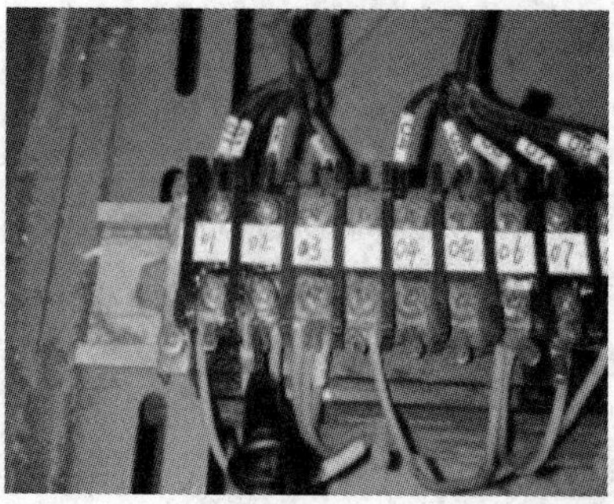	01 端字号为电源的______极 02 端子号为电源的______极

续表

图示	说明
	调整轿门锁（JMK）的方法：
	门锁继电器（MSJ）的作用： 短接门锁继电器后运行电梯造成的后果：

学习活动 2　检修前的准备

学习目标

1. 能描述常用故障检修方法的概念、特点和选用原则。

2. 能利用故障树分析电梯不运行故障的原因，制订电梯不运行故障的检修计划和方案，并进行方案优化。

3. 能明确现场安全施工要求。

建议学时　10 学时

学习过程

一、认识故障检修方法

电梯电气系统的故障检修方法主要有直接观察法、电阻测量法和电压测量法。查阅相关资料，了解上述故障检修方法的概念、特点及选用原则，并填写下表。

故障检修的基本方法

检修方法	概念	特点	选用原则
直接观察法			
电阻测量法			
电压测量法			

二、利用故障树分析故障原因

故障树分析（fault tree analysis，FTA）又称事故树分析，是安全系统工程中最重要的分析方法之一。故障树分析从一个可能的事故开始，自上而下、逐层寻找顶事件的直接原因事件和间接原因事件，直到基本原因事件，并用逻辑图把这些事件之间的逻辑关系表达出来。

故障树是一种特殊的倒立树状逻辑因果关系图，它用事件符号、逻辑门符号和转移符号描述系统中各种事件之间的因果关系。逻辑门的输入事件是输出事件的“因”，逻辑门的输出事件是输入事件的“果”。

1．认识故障树常用事件及逻辑门符号。

故障树常用事件及逻辑门符号

符号	含义	符号	含义
	顶事件	 A	接续符号
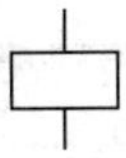	中间事件	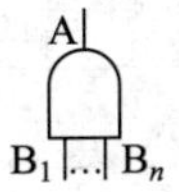 A，B_1…B_n	与门
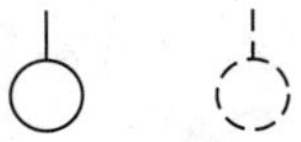	事件：实线——硬件 虚线——人为	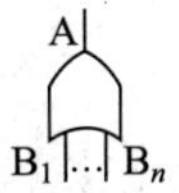 A，B_1…B_n	或门
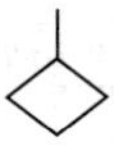	未探明事件	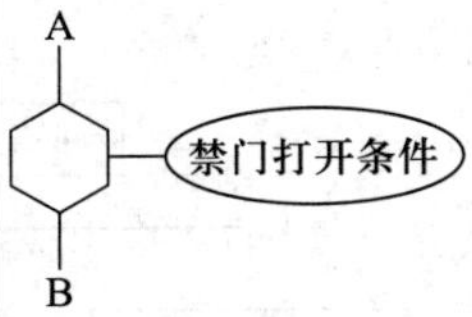 A，B，禁门打开条件	禁门
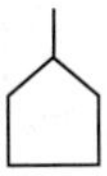	开关事件	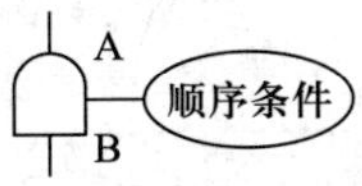 A，B，顺序条件	顺序与门
	条件事件	 A，~，B	非门

2．查阅相关资料，简述故障树的建树步骤和分析方法。

3．结合故障树，对电梯不运行故障原因进行分析。

电梯不运行故障原因分析

故障现象	故障树
电梯不运行	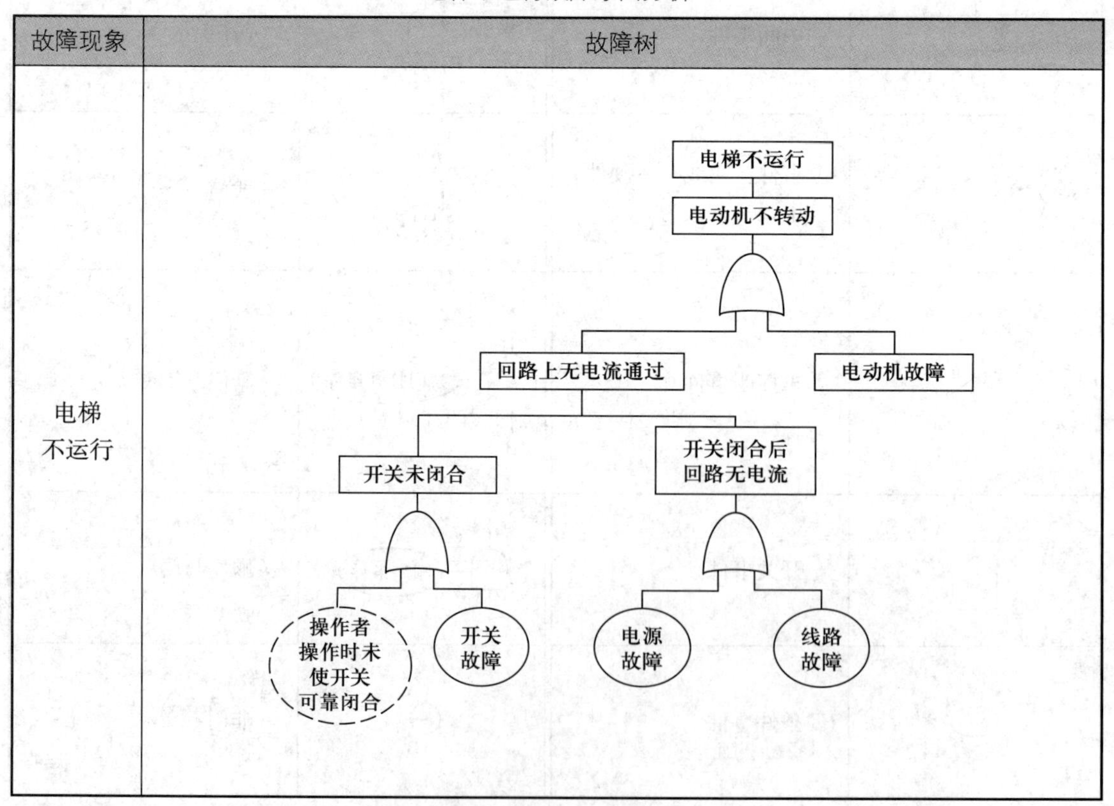

续表

故障现象	故障树
电梯 不运行	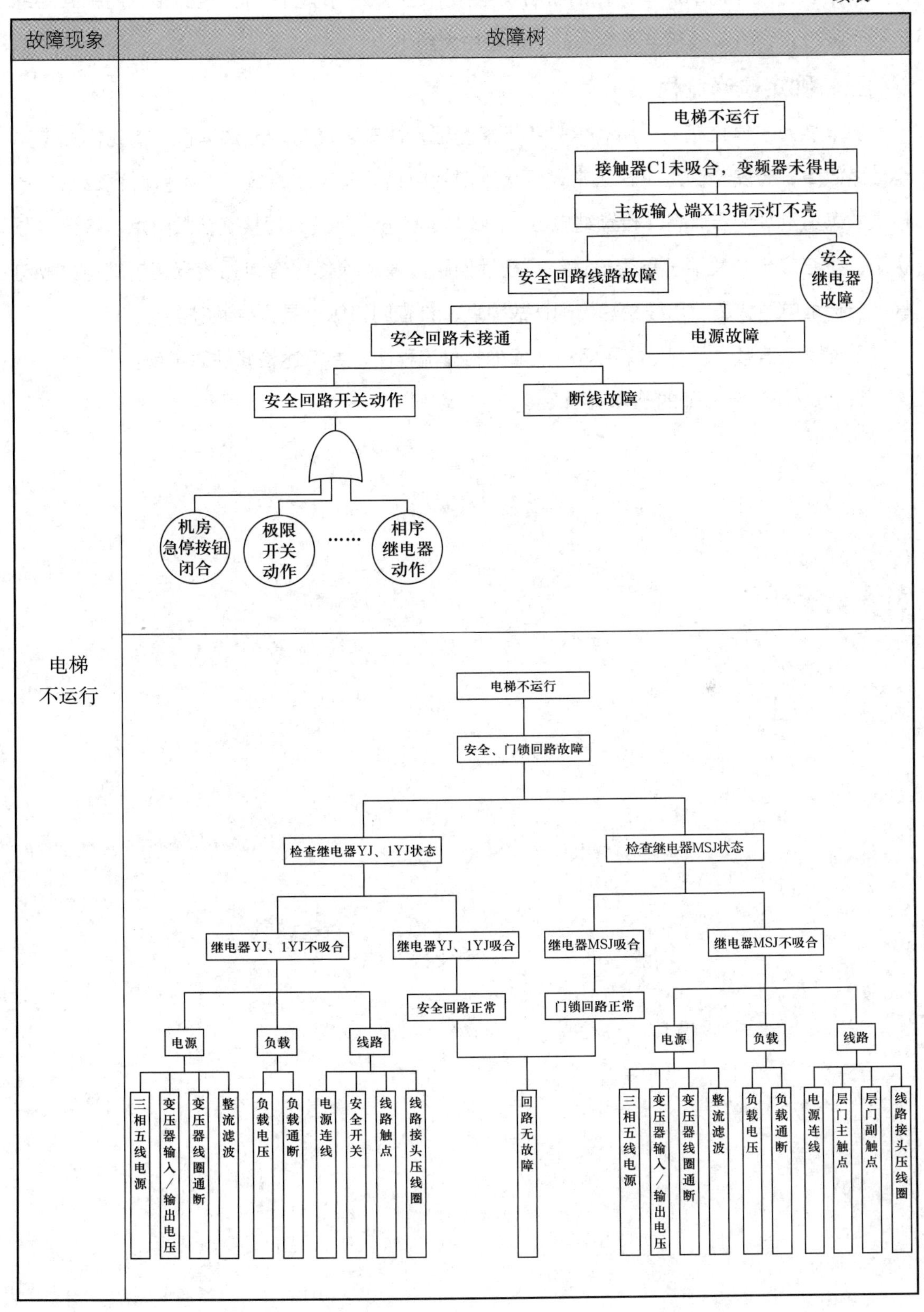

根据以上故障树的底事件，判断出现电梯不运行故障的原因有安全回路、门锁回路继电器不吸合，线路断线和电源故障等（概率由大到小）。

三、确定检修流程

当电梯处于停止状态，所有信号都不能登记，快车、慢车均无法运行，首先怀疑是安全回路故障，若安全回路工作正常，再检查门锁回路。安全回路故障的检修内容包括检查楼层数码指示灯是否点亮、检查继电器 YJ 和 1YJ 状态、用线夹短接确认故障点、检查电源状态、检查安全开关端子是否连通等。门锁回路故障的检修内容包括检查门锁继电器 MSJ 状态、检查电源状态、用线夹短接确认故障点、检查门锁触点是否导通等。

根据以上信息，绘制电梯不运行故障的检修流程图，并简述检修注意事项。

1．电梯不运行故障的检修流程图

2．检修注意事项

四、制订工作计划

1．根据电梯不运行故障的检修要求，制订工作计划。

工作计划表

<table>
<tr><td colspan="2">1．电梯型号</td><td colspan="4"></td></tr>
<tr><td colspan="2">2．所需的工具、量具、设备和资料</td><td colspan="4"></td></tr>
<tr><td colspan="2" rowspan="3">3．故障现象可能原因</td><td colspan="4">（1）</td></tr>
<tr><td colspan="4">（2）</td></tr>
<tr><td colspan="4">（3）</td></tr>
<tr><td colspan="2">4．故障检修方案及技术要点</td><td colspan="4"></td></tr>
<tr><td colspan="6">5．人员分工</td></tr>
<tr><td>序号</td><td colspan="2">工作内容</td><td>负责人</td><td>计划完成时间</td><td>质量检验人</td></tr>
<tr><td>1</td><td colspan="2"></td><td></td><td></td><td></td></tr>
<tr><td>2</td><td colspan="2"></td><td></td><td></td><td></td></tr>
<tr><td>3</td><td colspan="2"></td><td></td><td></td><td></td></tr>
<tr><td>4</td><td colspan="2"></td><td></td><td></td><td></td></tr>
<tr><td>5</td><td colspan="2"></td><td></td><td></td><td></td></tr>
</table>

2．制订工作计划后，需要对计划内容、实施的检修方案进行可行性研究，并对实施地点、准备工作、过程及方案等细节进行探讨和分析，以保证后续检修工作安全、可靠地执行。试以小组为单位就以上问题进行讨论，并根据讨论结果完善工作计划，记录主要修改内容。

五、明确现场安全施工要求

1．阅读《电梯一般故障检修安全操作规范》，回答下列问题。

电梯一般故障检修安全操作规范

1．检修前需对设备、仪器仪表进行测试，确保设备、仪器仪表正常工作。

2．确认绝缘垫完好无损并可以有效绝缘。

3．在带电检查线路时，严禁一只手扶靠控制柜，另一只手带电操作。

4．在进行故障查找和确认时，需先用短接线线夹短接不带电的一端，再短接带电的一端。需要确认短接线线夹两端的绝缘层完好，并且短接线可以有效通电。

5．数字式万用表操作规范

（1）如果无法预先估计被测电压或电流的大小，应先将量程开关拨至最高量程挡测量一次，再视情况把量程调至合适的大小。测量完毕，应将量程开关拨至最高电压挡，并关闭电源。

（2）满量程时，数字式万用表仅在最高位显示数字“1”，其他位均无显示，这时应选择更大的量程。

（3）测量电压时，应将数字式万用表与被测电路并联。测量电流时，应将数字式万用表与被测电路串联。

（4）当误用交流电压挡去测量直流电压，或者误用直流电压挡去测量交流电压时，显示屏将显示“000”，或低位上的数字出现跳动。

（5）禁止在测量高电压（220 V 以上）或大电流（0.5 A 以上）时换量程，以防止产生电弧，烧毁开关触点。

（1）绝缘垫的作用是什么?

（2）如何安全使用短接线?

（3）简述数字式万用表的使用方法。

（4）在操作中为何严禁一只手扶靠控制柜，另一只手带电作业？

（5）可以穿拖鞋进行带电操作吗？为什么？

2．认识常见的安全防护用品及安全标志。

（1）查阅相关资料，写出下列安全防护用品的作用。

安全防护用品及其作用

名称	图示	作用	名称	图示	作用
安全帽			工作服		

续表

名称	图示	作用	名称	图示	作用
绝缘鞋			安全护栏		
安全腰带			安全标志		

（2）查阅相关资料，写出下列安全标志的含义。

安全标志及其含义

标志	含义	标志	含义

续表

标志	含义	标志	含义

学习活动3 检 修 实 施

学习目标

1. 能正确使用活扳手、万用表、验电笔等工、量具，以及安全帽、安全鞋等防护用品。

2. 能进行故障查找前的基本检查。

3. 能进行电梯不运行故障的检修，并正确填写检修记录表。

4. 检修过程中严格执行各项安全生产制度、环保制度及生产现场管理6S标准。

建议学时 20学时

学习过程

一、物料准备

根据电梯不运行故障检修流程的要求，在组长的带领下，就物料名称、数量和规格等进行核对，填写电梯不运行故障检修物料单，为物料领取提供凭证。

电梯不运行故障检修物料单

<table>
<tr><td colspan="2">检修人员</td><td colspan="3"></td><td>时间</td><td colspan="2"></td></tr>
<tr><td colspan="2">使用单位</td><td colspan="3"></td><td>地址</td><td colspan="2"></td></tr>
<tr><td colspan="2">领用人员</td><td colspan="3"></td><td>归还人员</td><td colspan="2"></td></tr>
<tr><td>序号</td><td colspan="2">物料名称</td><td>数量</td><td>规格</td><td>领用时间</td><td>归还时间</td><td>归还检查</td></tr>
<tr><td>1</td><td colspan="2">安全帽</td><td></td><td></td><td></td><td></td><td>完好□ 损坏□</td></tr>
<tr><td>2</td><td colspan="2">工作服</td><td></td><td></td><td></td><td></td><td>完好□ 损坏□</td></tr>
</table>

续表

序号	物料名称	数量	规格	领用时间	归还时间	归还检查
3	安全鞋					完好□　损坏□
4	护栏					完好□　损坏□
5	十字旋具					完好□　损坏□
6	一字旋具					完好□　损坏□
7	尖嘴钳					完好□　损坏□
8	验电笔					完好□　损坏□
9	活扳手					完好□　损坏□
10	万用表					完好□　损坏□
11	手电筒					完好□　损坏□
12	短接线					完好□　损坏□

二、故障查找前的基本检查

在进行故障查找前，除了需要对物料进行检查外，还需要对电梯整机及主要设备进行基本检查（后续任务同此处，不再给出具体步骤）。

故障查找前主要设备的检查

<table>
<tr><th colspan="2">项目</th><th>过程图片</th><th>实施记录</th></tr>
<tr><td colspan="2">整机通电检查</td><td></td><td>整机通电后开关门功能是否正常（是□　否□）</td></tr>
<tr><td>检查电梯控制柜和元器件</td><td>检查开关门按钮状态</td><td></td><td>开关门按钮是否处于正常状态（是□　否□）</td></tr>
</table>

续表

项目		过程图片	实施记录
检查电梯控制柜和元器件	检查控制柜电源开关		控制柜电源开关是否打下（是□ 否□）
	检查控制柜中的端子排状态		控制柜中的端子排是否处于正常状态（是□ 否□）
	检查继电器接线端		短接线线夹是否能夹稳（是□ 否□）

三、电梯不运行故障检修

1．安全回路故障检修

根据下表所列项目，完成安全回路故障的检修，并做好记录。

安全回路故障检修表

项目	过程图片	实施记录
检查楼层数码指示灯是否点亮		楼层数码指示灯是否点亮（是□ 否□）

续表

项目	过程图片	实施记录
检查继电器 YJ 和 1YJ 状态		继电器 YJ 和 1YJ 是否吸合（是□　否□）
检查安全开关端子是否连通	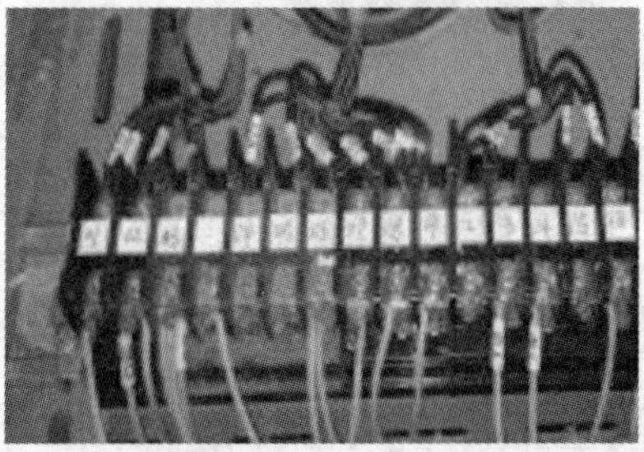	端子 01 和 12、12～15 之间是否连通（是□　否□）
用线夹短接确认故障点		用线夹短接怀疑故障的端子，观察继电器 YJ 和 1YJ 是否吸合（是□　否□）
检查电源状态	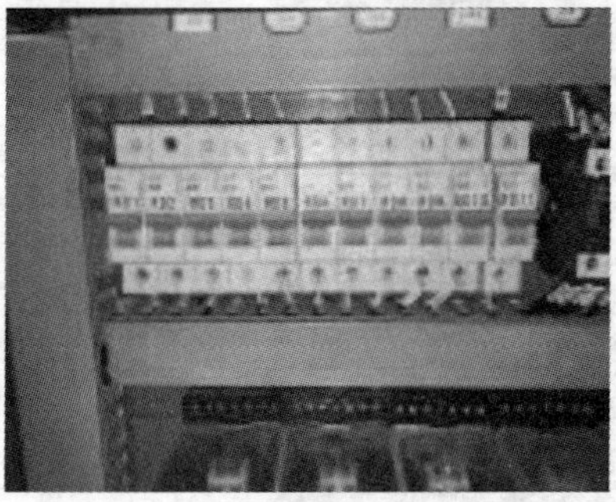	端子 01 与继电器 YJ 的 9 端、端子 02 与继电器 YJ 的 4 端是否连通（是□　否□）

2．门锁回路故障检修

根据下表所列项目，完成门锁回路故障的检修，并做好记录。

门锁回路故障检修表

项目	过程图片	实施记录
检查门锁继电器MSJ状态		门锁继电器MSJ是否吸合（是□　否□）
检查门锁触点是否导通	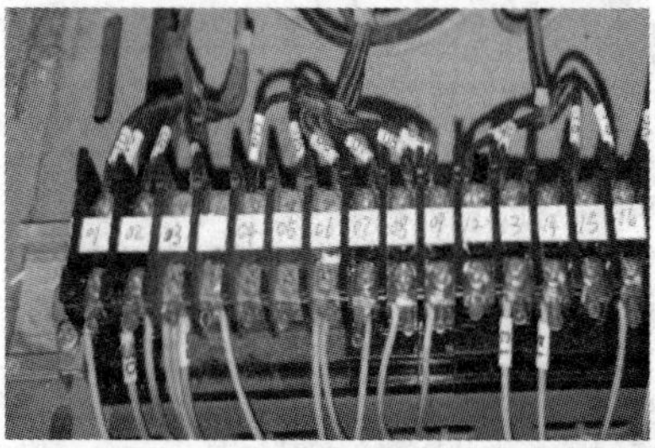	门关闭后，用电阻测量法测量端子01和34M、34M～36M、36M和37之间是否连通（是□　否□）
用线夹短接确认故障点	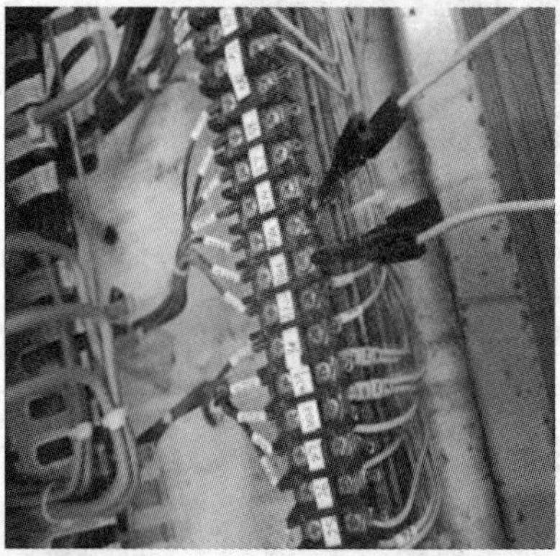	用线夹短接怀疑故障的端子，观察门锁继电器MSJ是否吸合（是□　否□）
检查电源状态		端子01与门锁继电器MSJ的9端、端子02与门锁继电器MSJ的4端是否连通（是□　否□）

四、填写检修记录表

记录检修过程中遇到的问题及解决方法，并填入下表中。

检修记录表

序号	检修过程中遇到的问题	解决方法	备注

五、整理工作现场

按生产现场管理 6S 标准整理工作现场，清除作业垃圾，经指导教师检验合格后方可离开工作现场。

学习活动4　工作总结与评价

学习目标

1. 能按分组情况，派代表展示工作成果，说明本次任务的完成情况，并做分析总结。

2. 能结合任务完成情况，正确规范地撰写工作总结。

3. 能就本次任务中出现的问题提出改进措施。

4. 能对学习与工作进行反思总结，并能与他人开展良好合作，进行有效沟通。

建议学时　2学时

学习过程

一、个人、小组评价

以小组为单位，选择演示文稿、展板、海报、视频等形式中的一种或几种，向全班展示、汇报工作成果。在展示的过程中，以小组为单位进行评价；评价完成后，根据其他小组成员对本组展示成果的评价意见进行归纳总结。

汇报思路设计：

其他小组成员的评价意见：

二、教师评价

认真听取教师对本小组展示成果优缺点以及在完成任务过程中出现的亮点和不足的评价意见，并做好记录。

1．教师对本小组展示成果优点的点评。

2．教师对本小组展示成果缺点及改进方法的点评。

3．教师对本小组在整个任务完成过程中出现的亮点和不足的点评。

三、工作过程回顾及总结

1．在团队学习过程中，项目负责人给你分配了哪些工作任务？你是如何完成的？还有哪些需要改进的地方？

2．总结完成电梯不运行故障检修任务过程中遇到的问题和困难，列举 2 ~ 3 点你认为比较值得和其他同学分享的工作经验。

3．回顾本学习任务的工作过程，对新学专业知识和技能进行归纳和整理，撰写工作总结。

评价与分析

按照客观、公正和公平原则，在教师的指导下按自我评价、小组评价和教师评价三种方式对自己或他人在本学习任务中的表现进行综合评价。综合等级按：A（90 ~ 100 分）、B（75 ~ 89 分）、C（60 ~ 74 分）、D（0 ~ 59 分）四个级别进行填写。

学习任务综合评价表

<table>
<tr><th rowspan="2">考核项目</th><th rowspan="2">评价内容</th><th rowspan="2">配分（分）</th><th colspan="3">评价分数</th></tr>
<tr><th>自我评价</th><th>小组评价</th><th>教师评价</th></tr>
<tr><td rowspan="6">职业素养</td><td>劳动保护用品穿戴完备，仪容仪表符合工作要求</td><td>5</td><td></td><td></td><td></td></tr>
<tr><td>安全意识、责任意识、服从意识强</td><td>6</td><td></td><td></td><td></td></tr>
<tr><td>积极参加教学活动，按时完成各项学习任务</td><td>6</td><td></td><td></td><td></td></tr>
<tr><td>团队合作意识强，善于与人交流和沟通</td><td>6</td><td></td><td></td><td></td></tr>
<tr><td>自觉遵守劳动纪律，尊敬师长，团结同学</td><td>6</td><td></td><td></td><td></td></tr>
<tr><td>爱护公物，节约材料，管理现场符合 6S 标准</td><td>6</td><td></td><td></td><td></td></tr>
<tr><td rowspan="3">专业能力</td><td>专业知识扎实，有较强的自学能力</td><td>10</td><td></td><td></td><td></td></tr>
<tr><td>操作积极，训练刻苦，具有一定的动手能力</td><td>15</td><td></td><td></td><td></td></tr>
<tr><td>技能操作规范，注重检修工艺，工作效率高</td><td>10</td><td></td><td></td><td></td></tr>
<tr><td rowspan="2">工作成果</td><td>电梯不运行故障检修符合规范要求</td><td>20</td><td></td><td></td><td></td></tr>
<tr><td>工作总结符合要求</td><td>10</td><td></td><td></td><td></td></tr>
<tr><td colspan="2">总分</td><td>100</td><td></td><td></td><td></td></tr>
<tr><td rowspan="2">总评</td><td rowspan="2">自我评价 ×20%+ 小组评价 ×20%+ 教师评价 ×60%=</td><td>综合等级</td><td colspan="3" rowspan="2">教师（签名）：</td></tr>
<tr><td></td></tr>
</table>

学习任务二　电梯开关门故障检修

学习目标

1. 能读懂电梯开关门故障检修任务书，与客户等相关人员进行专业沟通，明确检修任务。

2. 能描述门机回路主要元器件的作用及安装位置，识读门机控制回路和门机拖动回路原理图。

3. 能利用故障树分析电梯开关门故障的原因。

4. 能制订电梯开关门故障的检修计划和方案，并进行方案优化。

5. 能根据安全操作规程和检修要求，正确使用工、量具和防护用品。

6. 能进行故障查找前主要设备的检查及电梯不开门、不关门故障检修，并正确填写检修记录表。

7. 能主动获取有效信息，展示工作成果，对学习与工作进行总结与反思，并能与他人开展良好合作，进行有效沟通。

建议学时

36 学时

工作情景描述

某工厂有一台国产货梯（型号为 THJ-2000，5 层 /5 站，速度为 0.5 m/s，载重 2 000 kg）出现不开门、不关门现象，客户向维修企业客服报修后，客服将问题反映给维保部经理，维保部经理将任务分配给维修人员，要求维修人员在 1 h 内完成电梯开关门故障的检修工作，使电梯正常运行。

工作流程与活动

学习活动 1　明确检修任务（6 学时）

学习活动 2　检修前的准备（8 学时）

学习活动 3　检修实施（20 学时）

学习活动 4　工作总结与评价（2 学时）

学习活动 1　明确检修任务

学习目标

1. 能识读电梯开关门故障检修任务书，明确检修任务。

2. 能描述门机回路主要元器件的作用及安装位置。

3. 能识读门机控制回路和门机拖动回路原理图。

建议学时　6 学时

学习过程

一、明确工作任务

电梯维修人员从维保部经理处领取电梯开关门故障检修任务书，到达现场与客户方的电梯安全员进行沟通，获取电梯型号、参数、电路图纸，阅读相关的安全操作规范，完善电梯故障现象记录，了解本次工作的基本内容。

电梯开关门故障检修任务书

故障日期		报修人 及联系电话	
报修时间		接报人	
地　　址		到达时间	
完成时间		困　　人	有□ / 无□ 困人时间：　时　分
故障现象			

续表

故障原因			
处理结果			
客户意见	客户签名：　　　　日期：		
备　　注			
维保部经理		维修作业人员	

注："故障原因""处理结果"和"客户意见"栏等需在完成后续相应学习活动后填写。

二、认识门机回路主要元器件

查阅相关资料，认识门机回路的主要元器件。

门机回路主要元器件认识表

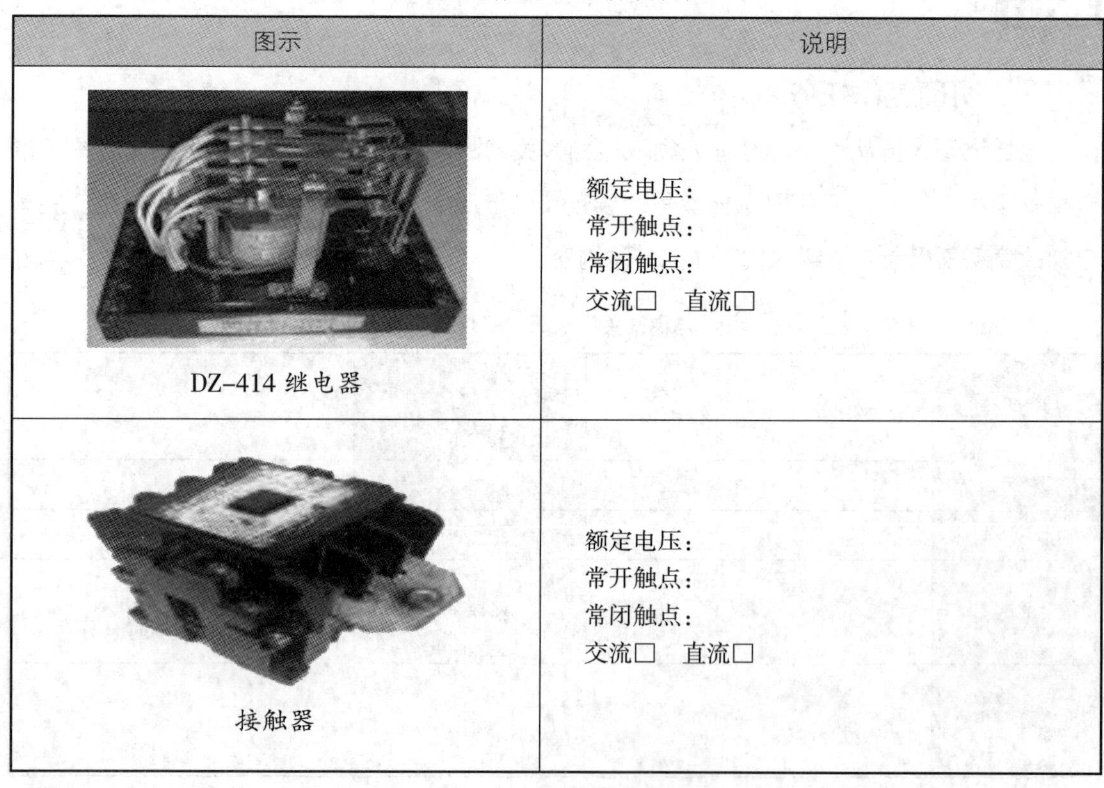

图示	说明
DZ-414 继电器	额定电压： 常开触点： 常闭触点： 交流□　直流□
接触器	额定电压： 常开触点： 常闭触点： 交流□　直流□

续表

图示	说明
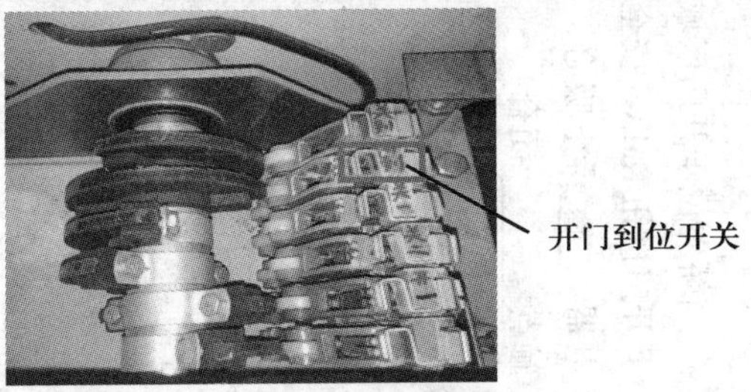 开门到位开关	作用： 安装位置：
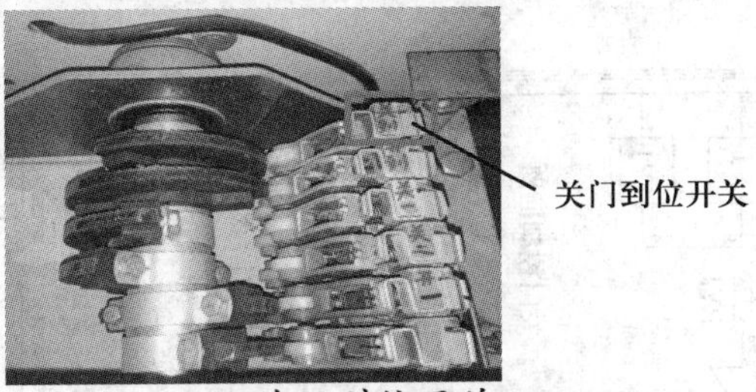 关门到位开关	作用： 安装位置：
 门机电阻	阻值： 功率：
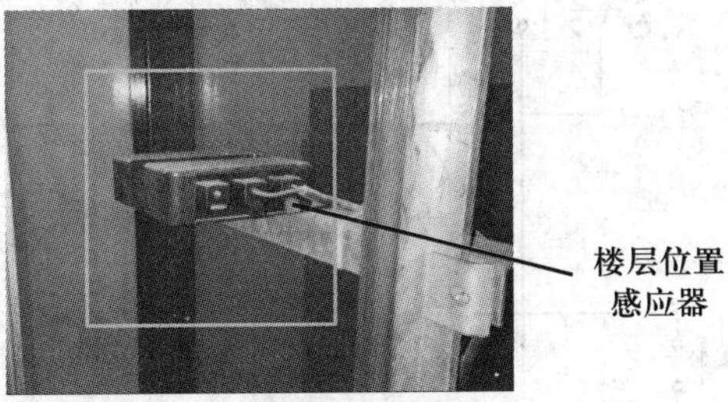 楼层位置感应器	作用： 安装位置：
 轿顶平层感应器	作用： 安装位置：

三、识读门机控制回路和门机拖动回路原理图

1．识读门机控制回路原理图

门机控制回路原理图识读表

名称	原理图	说明
按钮开门回路 1	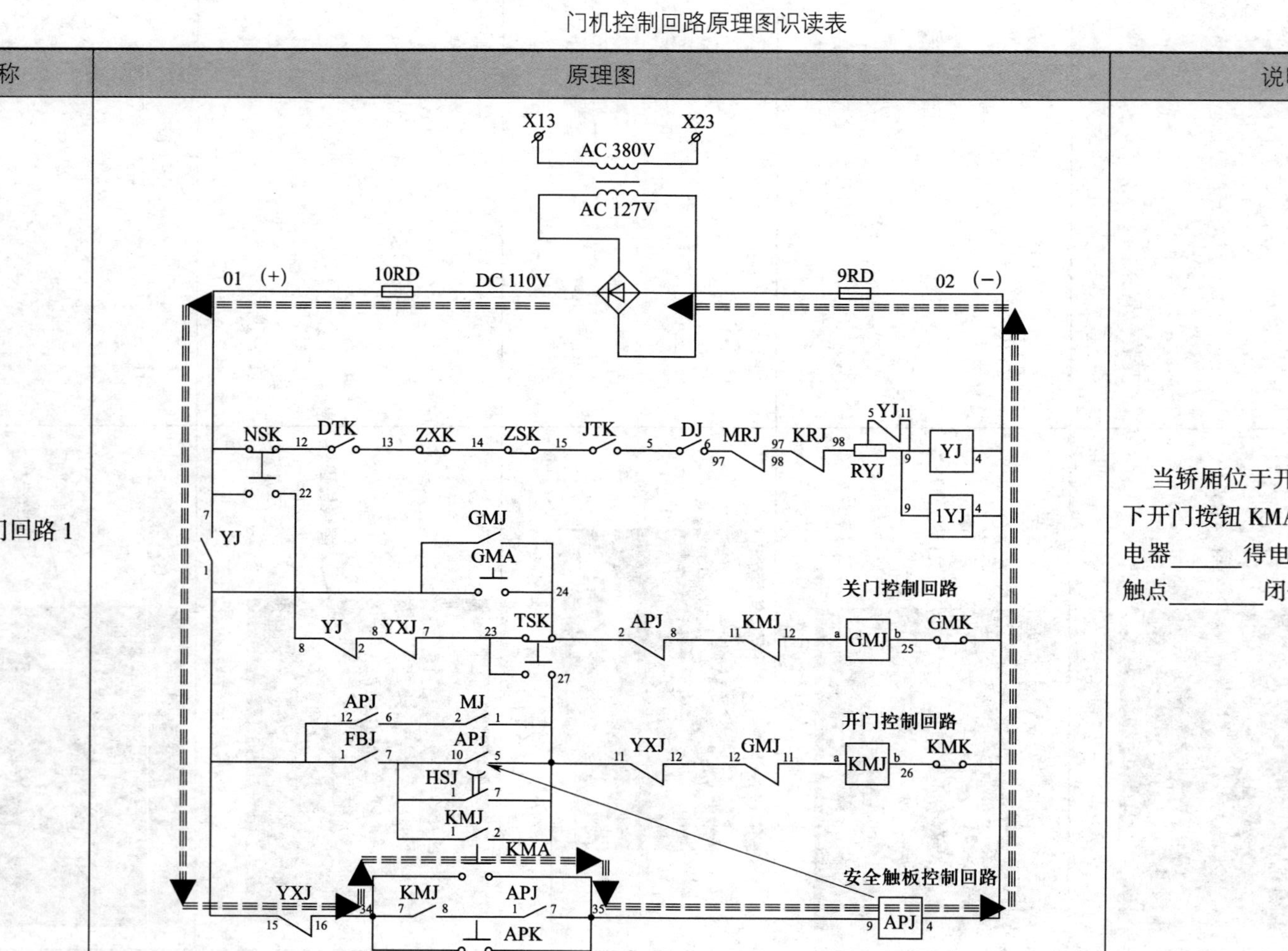	当轿厢位于开门区域时，按下开门按钮 KMA，安全触板继电器______得电吸合，其常开触点________闭合

续表

名称	原理图	说明
按钮开门回路 2	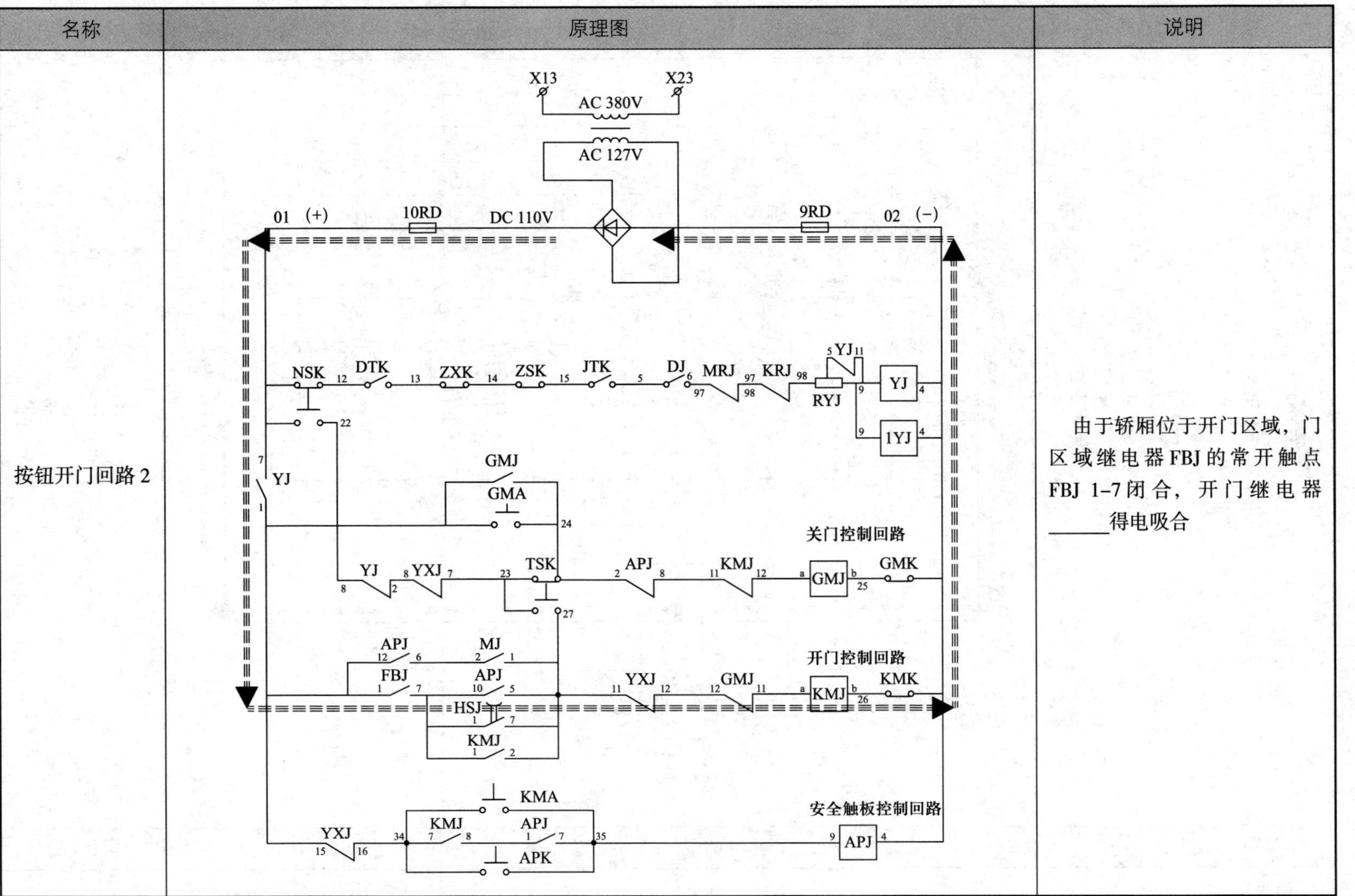	由于轿厢位于开门区域，门区域继电器 FBJ 的常开触点 FBJ 1–7 闭合，开门继电器______得电吸合

续表

名称	原理图	说明
按钮关门回路	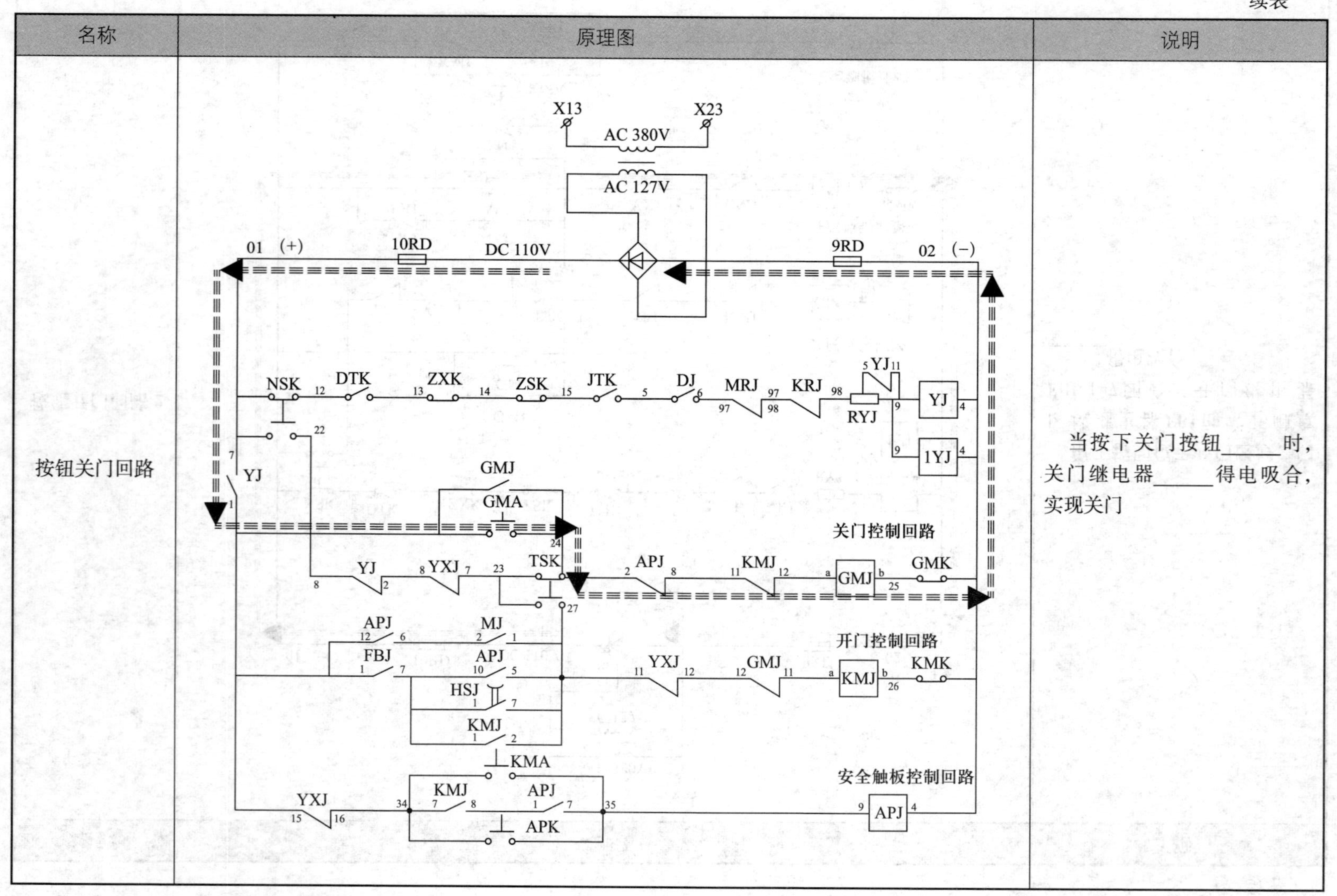	当按下关门按钮_____时，关门继电器_____得电吸合，实现关门

2．识读门机拖动回路原理图

门机拖动回路原理图识读表

名称	原理图	说明
开门（高速）回路	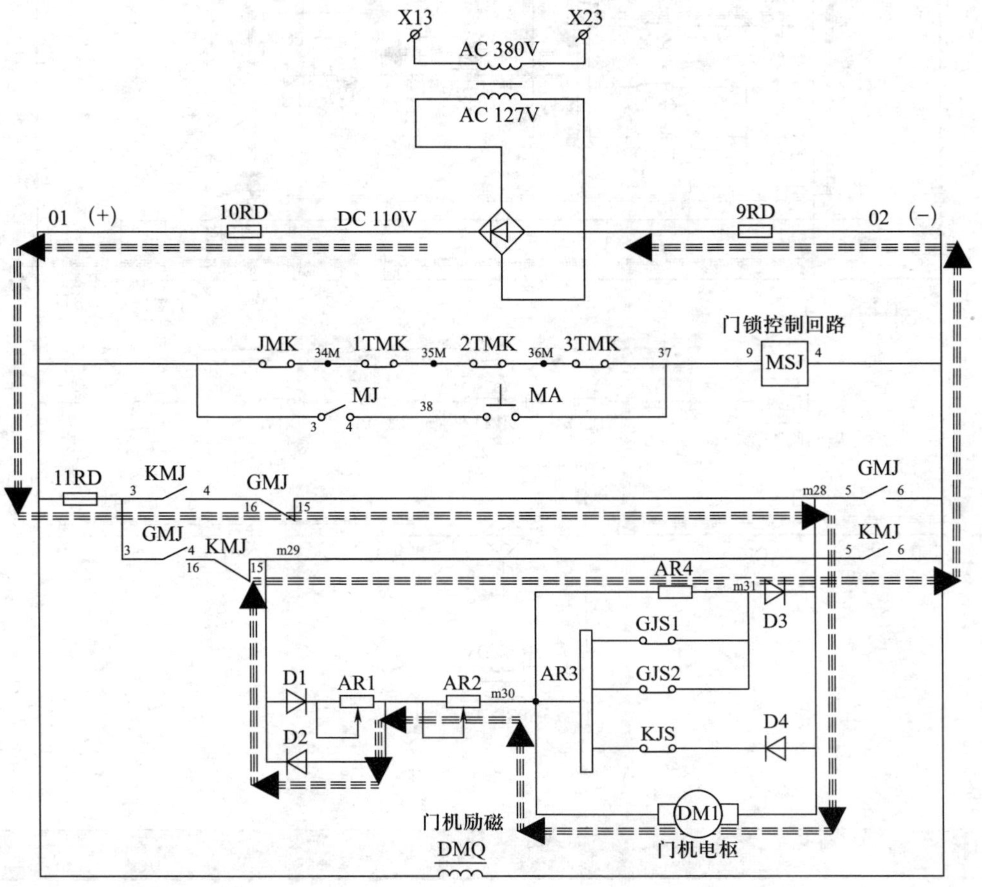	得到开门信号后，继电器______得电吸合，其常开触点 KMJ 3–4 及 KMJ 5–6 连通时，二极管______导通，凸轮开关 KJS 断开，门机电枢电位右高左低，以高速开门

续表

名称	原理图	说明
开门（低速）回路	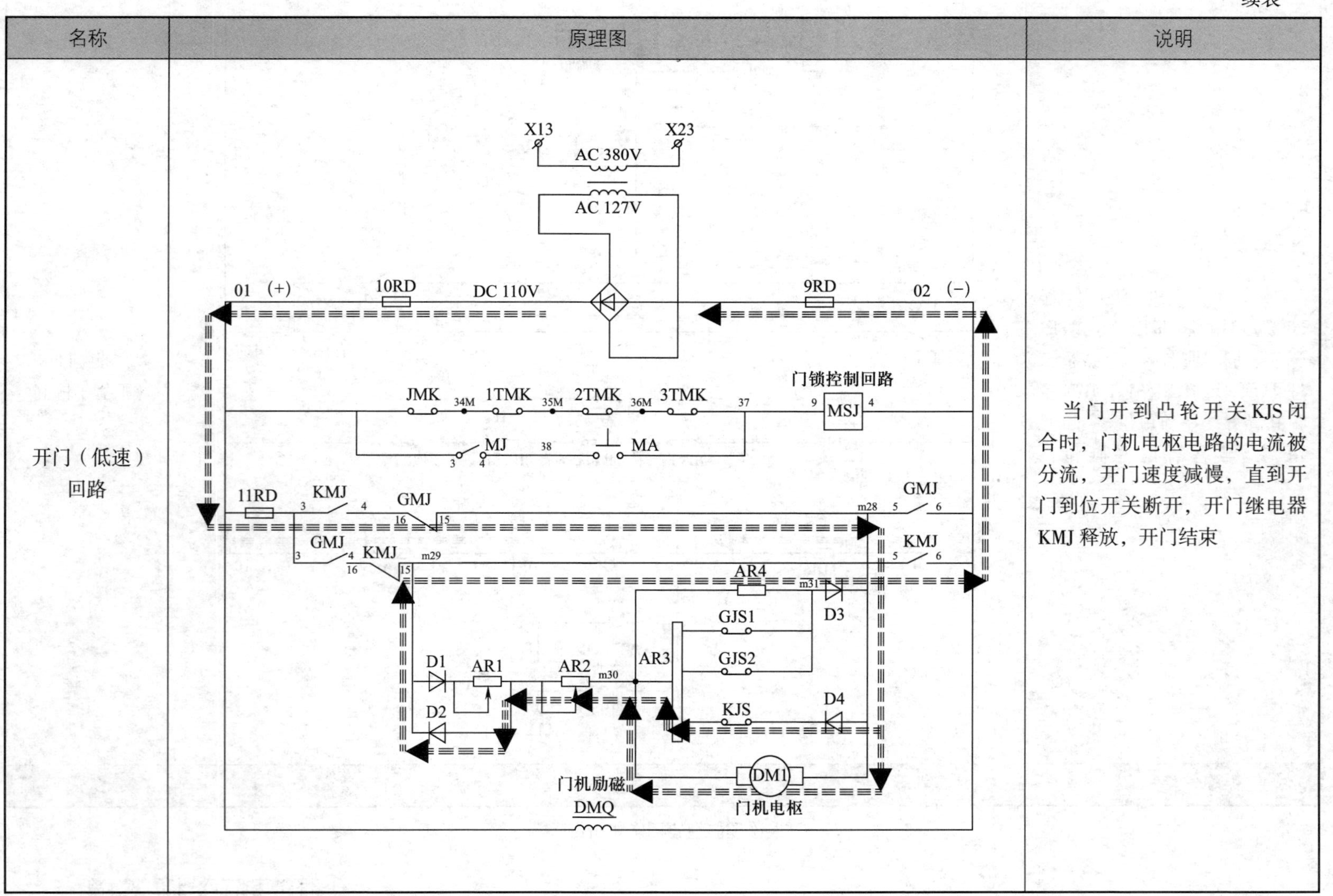	当门开到凸轮开关KJS闭合时，门机电枢电路的电流被分流，开门速度减慢，直到开门到位开关断开，开门继电器KMJ释放，开门结束

续表

名称	原理图	说明
关门（高速）回路	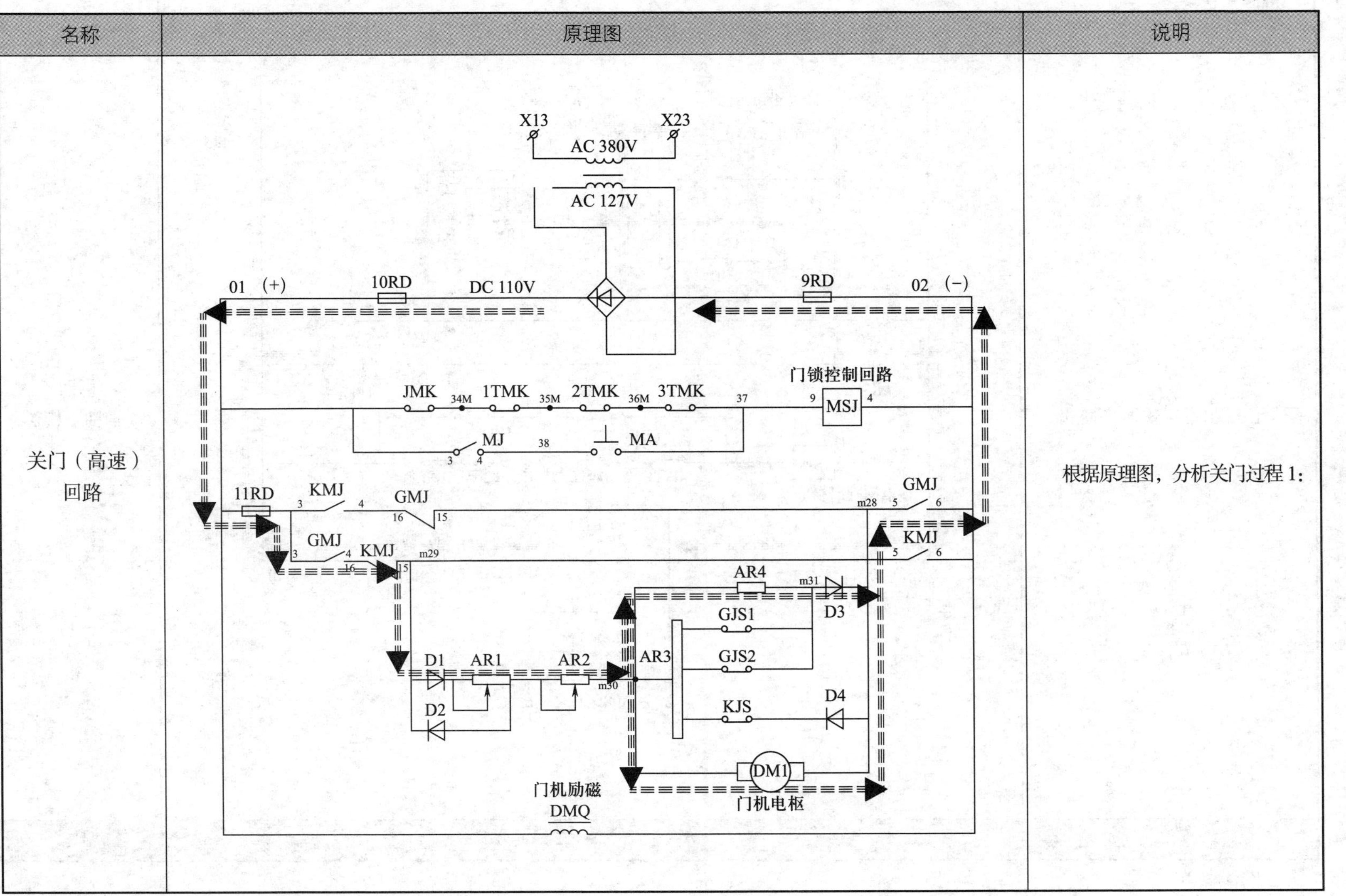	根据原理图，分析关门过程 1：

续表

名称	原理图	说明
关门（低速）回路	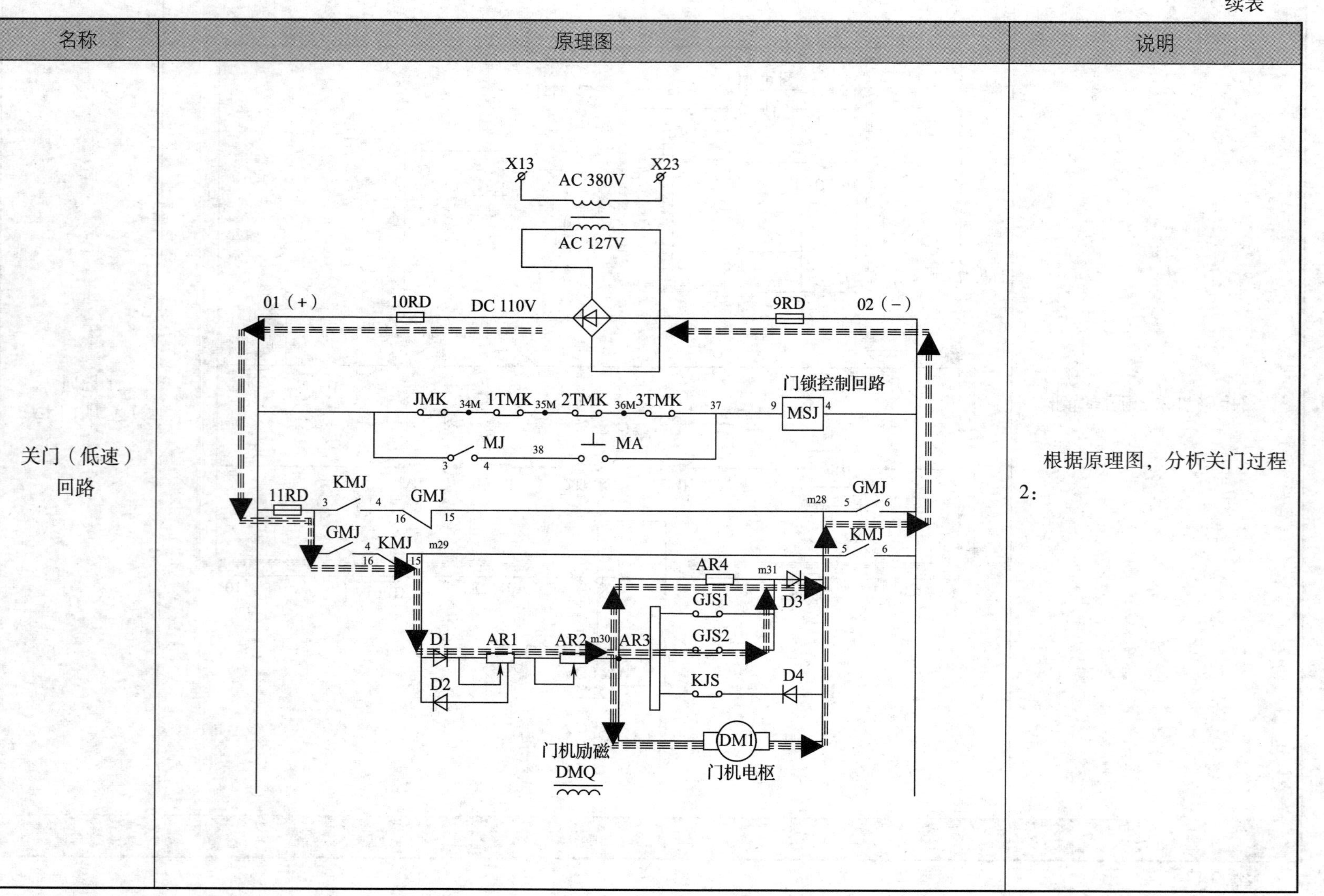	根据原理图，分析关门过程2：

学习活动 2　检修前的准备

学习目标

1. 能利用故障树分析电梯开关门故障的原因。

2. 能制订电梯开关门故障的检修计划和方案，并进行方案优化。

建议学时　8 学时

学习过程

一、确定检修流程

1．利用故障树分析电梯开关门故障的常见原因，并简述各故障原因的处理方法。

2．电梯开关门故障主要分为电梯不开门故障和电梯不关门故障两类。电梯不开门故障的检修内容包括检查开门继电器 KMJ 状态、检查安全触板继电器 APJ 状态、检查轿门状态、检查门机电动机是否转动等。电梯不关门故障的检修内容包括检查轿门状态、检查门机电动机是否转动、检查关门继电器 GMJ 状态、检查安全触板继电器 APJ 状态等。

根据以上信息，绘制电梯开关门故障的检修流程图，并简述检修注意事项。

（1）电梯开关门故障的检修流程图

（2）检修注意事项

二、制订工作计划

1. 根据电梯开关门故障的检修要求，制订工作计划。

工作计划表

<table>
<tr><td>1. 电梯型号</td><td></td></tr>
<tr><td>2. 所需的工具、量具、设备和资料</td><td></td></tr>
<tr><td rowspan="3">3. 故障现象可能原因</td><td>（1）</td></tr>
<tr><td>（2）</td></tr>
<tr><td>（3）</td></tr>
<tr><td>4. 故障检修方案及技术要点</td><td></td></tr>
</table>

5. 人员分工

序号	工作内容	负责人	计划完成时间	质量检验人
1				
2				
3				
4				
5				

2．制订工作计划后，需要对计划内容、实施的检修方案进行可行性研究，并对实施地点、准备工作、过程及方案等细节进行探讨和分析，以保证后续检修工作安全、可靠地执行。试以小组为单位就以上问题进行讨论，并根据讨论结果完善工作计划，记录主要修改内容。

学习活动3 检 修 实 施

学习目标

1. 能正确使用活扳手、万用表、验电笔等工、量具，以及安全帽、安全鞋等防护用品。

2. 能进行电梯开关门故障的检修，并正确填写检修记录表。

3. 检修过程中严格执行各项安全生产制度、环保制度及生产现场管理6S标准。

建议学时 20学时

学习过程

一、物料准备

根据电梯开关门故障检修流程的要求，在组长的带领下，就物料名称、数量和规格等进行核对，填写电梯开关门故障检修物料单，为物料领取提供凭证。

电梯开关门故障检修物料单

<table>
<tr><td colspan="2">检修人员</td><td colspan="2"></td><td>时间</td><td colspan="2"></td></tr>
<tr><td colspan="2">使用单位</td><td colspan="2"></td><td>地址</td><td colspan="2"></td></tr>
<tr><td colspan="2">领用人员</td><td colspan="2"></td><td>归还人员</td><td colspan="2"></td></tr>
<tr><td>序号</td><td>物料名称</td><td>数量</td><td>规格</td><td>领用时间</td><td>归还时间</td><td>归还检查</td></tr>
<tr><td>1</td><td>安全帽</td><td></td><td></td><td></td><td></td><td>完好□ 损坏□</td></tr>
<tr><td>2</td><td>工作服</td><td></td><td></td><td></td><td></td><td>完好□ 损坏□</td></tr>
<tr><td>3</td><td>安全鞋</td><td></td><td></td><td></td><td></td><td>完好□ 损坏□</td></tr>
</table>

续表

序号	物料名称	数量	规格	领用时间	归还时间	归还检查
4	护栏					完好□　损坏□
5	十字旋具					完好□　损坏□
6	一字旋具					完好□　损坏□
7	尖嘴钳					完好□　损坏□
8	验电笔					完好□　损坏□
9	活扳手					完好□　损坏□
10	万用表					完好□　损坏□
11	手电筒					完好□　损坏□
12	短接线					完好□　损坏□

二、电梯开关门故障检修

1．电梯不开门故障检修

根据下表所列项目，完成电梯不开门故障的检修，并做好记录。

电梯不开门故障检修表

项目	过程图片	实施记录
检查轿门状态		按开门按钮，轿门是否能够正常打开（是□　否□）
检查安全触板继电器 APJ 状态		按开门按钮，安全触板继电器 APJ 是否得电吸合（是□　否□）

续表

项目	过程图片	实施记录
检查开门继电器 KMJ 状态		按开门按钮，若开门继电器 KMJ 未得电吸合，用万用表黑表笔接 02 端，用红表笔依次测量 YXJ 触点 12 和 GMJ 触点 12 的电压值，分别为______V 和______V 若电压不正常，使用线夹短接怀疑有故障处，观察开门继电器 KMJ 是否得电吸合（是□　否□）
检查门机电动机是否转动	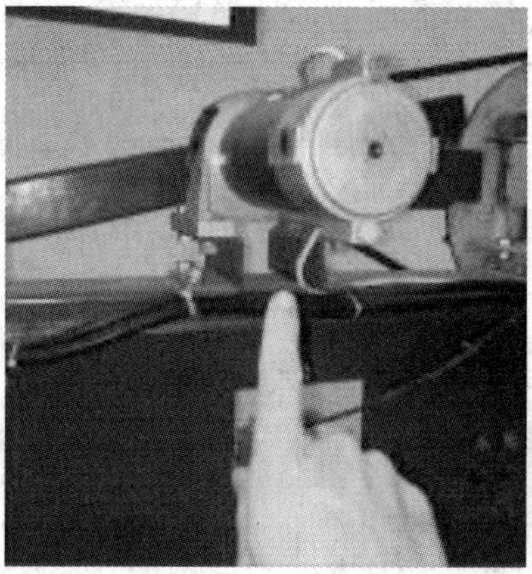	门机电动机是否转动（是□　否□）

2．电梯不关门故障检修

根据下表所列项目，完成电梯不关门故障的检修，并做好记录。

电梯不关门故障检修表

项目	过程图片	实施记录
检查轿门状态		按关门按钮，轿门是否能够正常关闭（是□　否□）

续表

项目	过程图片	实施记录
检查安全触板继电器 APJ 状态		按关门按钮，安全触板继电器 APJ 是否得电吸合（是□　否□）
检查关门继电器 GMJ 状态		按关门按钮，若关门继电器 GMJ 未得电吸合，用万用表测量关门控制回路各端子的电压是否正常（是□　否□） 若各端子电压不正常，使用线夹短接怀疑有故障处，观察关门继电器 GMJ 是否得电吸合（是□　否□）
检查门机电动机是否转动		门机电动机是否转动（是□　否□）

三、填写检修记录表

记录检修过程中遇到的问题及解决方法，并填入下表中。

检修记录表

序号	检修过程中遇到的问题	解决方法	备注

四、整理工作现场

按生产现场管理 6S 标准整理工作现场，清除作业垃圾，经指导教师检验合格后方可离开工作现场。

学习活动 4　工作总结与评价

学习目标

1. 能按分组情况，派代表展示工作成果，说明本次任务的完成情况，并做分析总结。

2. 能结合任务完成情况，正确规范地撰写工作总结。

3. 能就本次任务中出现的问题提出改进措施。

4. 能对学习与工作进行反思总结，并能与他人开展良好合作，进行有效沟通。

建议学时　2 学时

学习过程

一、个人、小组评价

以小组为单位，选择演示文稿、展板、海报、视频等形式中的一种或几种，向全班展示、汇报工作成果。在展示的过程中，以小组为单位进行评价；评价完成后，根据其他小组成员对本组展示成果的评价意见进行归纳总结。

汇报思路设计：

其他小组成员的评价意见：

二、教师评价

认真听取教师对本小组展示成果优缺点以及在完成任务过程中出现的亮点和不足的评价意见，并做好记录。

1．教师对本小组展示成果优点的点评。

2．教师对本小组展示成果缺点及改进方法的点评。

3．教师对本小组在整个任务完成过程中出现的亮点和不足的点评。

三、工作过程回顾及总结

1．在团队学习过程中，项目负责人给你分配了哪些工作任务？你是如何完成的？还有哪些需要改进的地方？

2．总结完成电梯开关门故障检修任务过程中遇到的问题和困难，列举 2 ～ 3 点你认为比较值得和其他同学分享的工作经验。

3．回顾本学习任务的工作过程，对新学专业知识和技能进行归纳和整理，撰写工作总结。

评价与分析

按照客观、公正和公平原则，在教师的指导下按自我评价、小组评价和教师评价三种方式对自己或他人在本学习任务中的表现进行综合评价。综合等级按：A（90 ~ 100分）、B（75 ~ 89分）、C（60 ~ 74分）、D（0 ~ 59分）四个级别进行填写。

学习任务综合评价表

<table>
<tr><th rowspan="2">考核项目</th><th rowspan="2">评价内容</th><th rowspan="2">配分（分）</th><th colspan="3">评价分数</th></tr>
<tr><th>自我评价</th><th>小组评价</th><th>教师评价</th></tr>
<tr><td rowspan="6">职业素养</td><td>劳动保护用品穿戴完备，仪容仪表符合工作要求</td><td>5</td><td></td><td></td><td></td></tr>
<tr><td>安全意识、责任意识、服从意识强</td><td>6</td><td></td><td></td><td></td></tr>
<tr><td>积极参加教学活动，按时完成各项学习任务</td><td>6</td><td></td><td></td><td></td></tr>
<tr><td>团队合作意识强，善于与人交流和沟通</td><td>6</td><td></td><td></td><td></td></tr>
<tr><td>自觉遵守劳动纪律，尊敬师长，团结同学</td><td>6</td><td></td><td></td><td></td></tr>
<tr><td>爱护公物，节约材料，管理现场符合 6S 标准</td><td>6</td><td></td><td></td><td></td></tr>
<tr><td rowspan="3">专业能力</td><td>专业知识扎实，有较强的自学能力</td><td>10</td><td></td><td></td><td></td></tr>
<tr><td>操作积极，训练刻苦，具有一定的动手能力</td><td>15</td><td></td><td></td><td></td></tr>
<tr><td>技能操作规范，注重检修工艺，工作效率高</td><td>10</td><td></td><td></td><td></td></tr>
<tr><td rowspan="2">工作成果</td><td>电梯开关门故障检修符合规范要求</td><td>20</td><td></td><td></td><td></td></tr>
<tr><td>工作总结符合要求</td><td>10</td><td></td><td></td><td></td></tr>
<tr><td colspan="2">总分</td><td>100</td><td></td><td></td><td></td></tr>
<tr><td rowspan="2">总评</td><td rowspan="2">自我评价 ×20%+ 小组评价 ×20%+ 教师评价 ×60%=</td><td>综合等级</td><td colspan="3" rowspan="2">教师（签名）：</td></tr>
<tr><td></td></tr>
</table>

学习任务三　电梯呼梯失效故障检修

学习目标

1. 能读懂电梯呼梯失效故障检修任务书，与客户等相关人员进行专业沟通，明确检修任务。

2. 能描述呼梯回路主要元器件的作用及安装位置，识读呼梯回路原理图。

3. 能利用故障树分析电梯呼梯失效故障的原因。

4. 能制订电梯呼梯失效故障的检修计划和方案，并进行方案优化。

5. 能根据安全操作规程和检修要求，正确使用工、量具和防护用品。

6. 能进行故障查找前主要设备的检查及电梯轿厢登记故障和定向故障检修，并正确填写检修记录表。

7. 能主动获取有效信息，展示工作成果，对学习与工作进行总结与反思，并能与他人开展良好合作，进行有效沟通。

36 学时

某小区一台日立 YPM-C90 电梯呼梯功能出现故障，客户向维修企业客服报修后，客服将问题反映给维保部经理，维保部经理将任务分配给维修人员，要求维修人员在 1 h 内完成电梯呼梯失效故障的检修工作，使电梯正常运行。

工作流程与活动

学习活动 1 明确检修任务（6 学时）

学习活动 2 检修前的准备（8 学时）

学习活动 3 检修实施（20 学时）

学习活动 4 工作总结与评价（2 学时）

学习活动 1　明确检修任务

学习目标

1. 能识读电梯呼梯失效故障检修任务书，明确检修任务。
2. 能描述呼梯回路主要元器件的作用及安装位置。
3. 能识读呼梯回路原理图。

建议学时　6 学时

学习过程

一、明确工作任务

电梯维修人员从维保部经理处领取电梯呼梯失效故障检修任务书，到达现场与客户方的电梯安全员进行沟通，获取电梯型号、参数、电路图纸，阅读相关的安全操作规范，完善电梯故障现象记录，了解本次工作的基本内容。

电梯呼梯失效故障检修任务书

故障日期		报修人 及联系电话	
报修时间		接报人	
地　址		到达时间	
完成时间		困　　人	有□ / 无□ 困人时间：　时　分
故障现象			

续表

故障原因			
处理结果			
客户意见	客户签名：　　　　日期：		
备　　注			
维保部经理		维修作业人员	

注：“故障原因”“处理结果”和“客户意见”栏等需在完成后续相应学习活动后填写。

二、认识呼梯回路主要元器件

查阅相关资料，认识呼梯回路的主要元器件。

呼梯回路主要元器件认识表

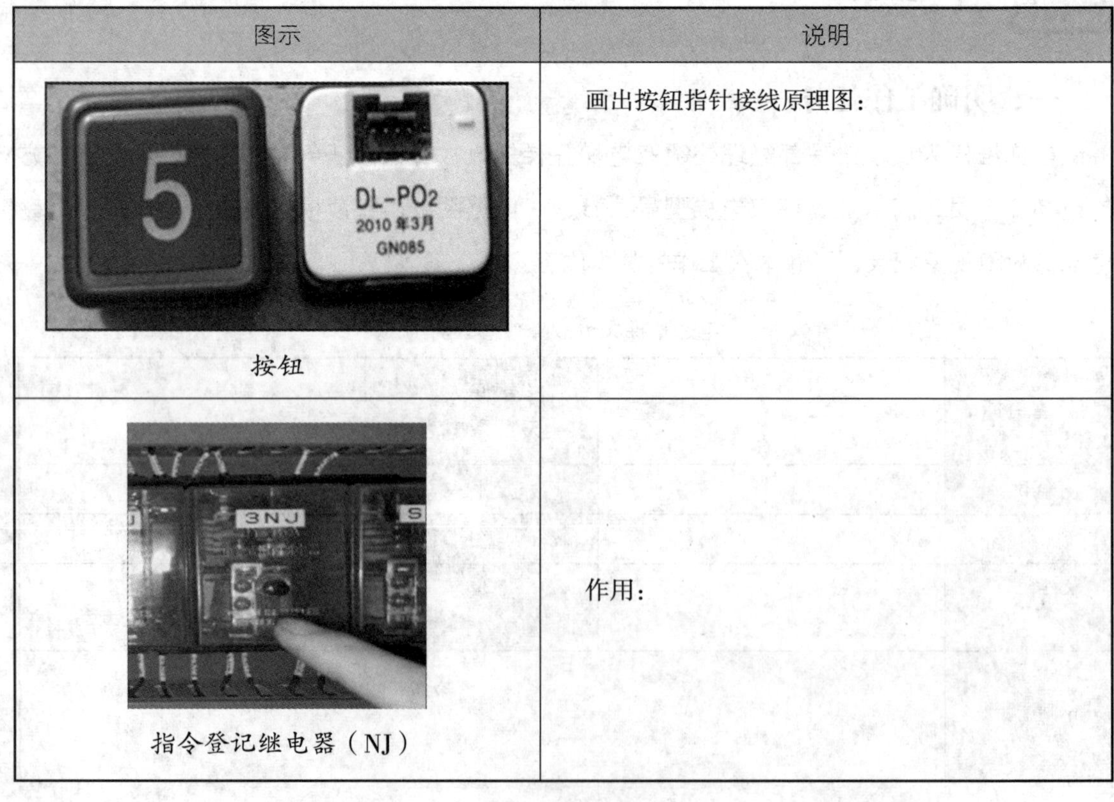

图示	说明
按钮	画出按钮指针接线原理图：
指令登记继电器（NJ）	作用：

续表

图示	说明
 方向继电器（XFJ、SFJ）	作用：
 楼层继电器（LJ）	作用：
 楼层辅助继电器（FJ）	作用：
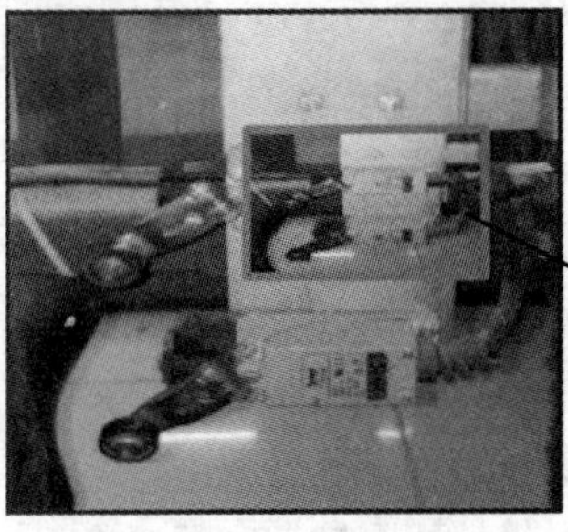 限位开关 限位开关	作用： 安装位置：

三、识读呼梯回路原理图

呼梯回路原理图识读表

名称	原理图	说明
轿厢内呼梯指令登记回路	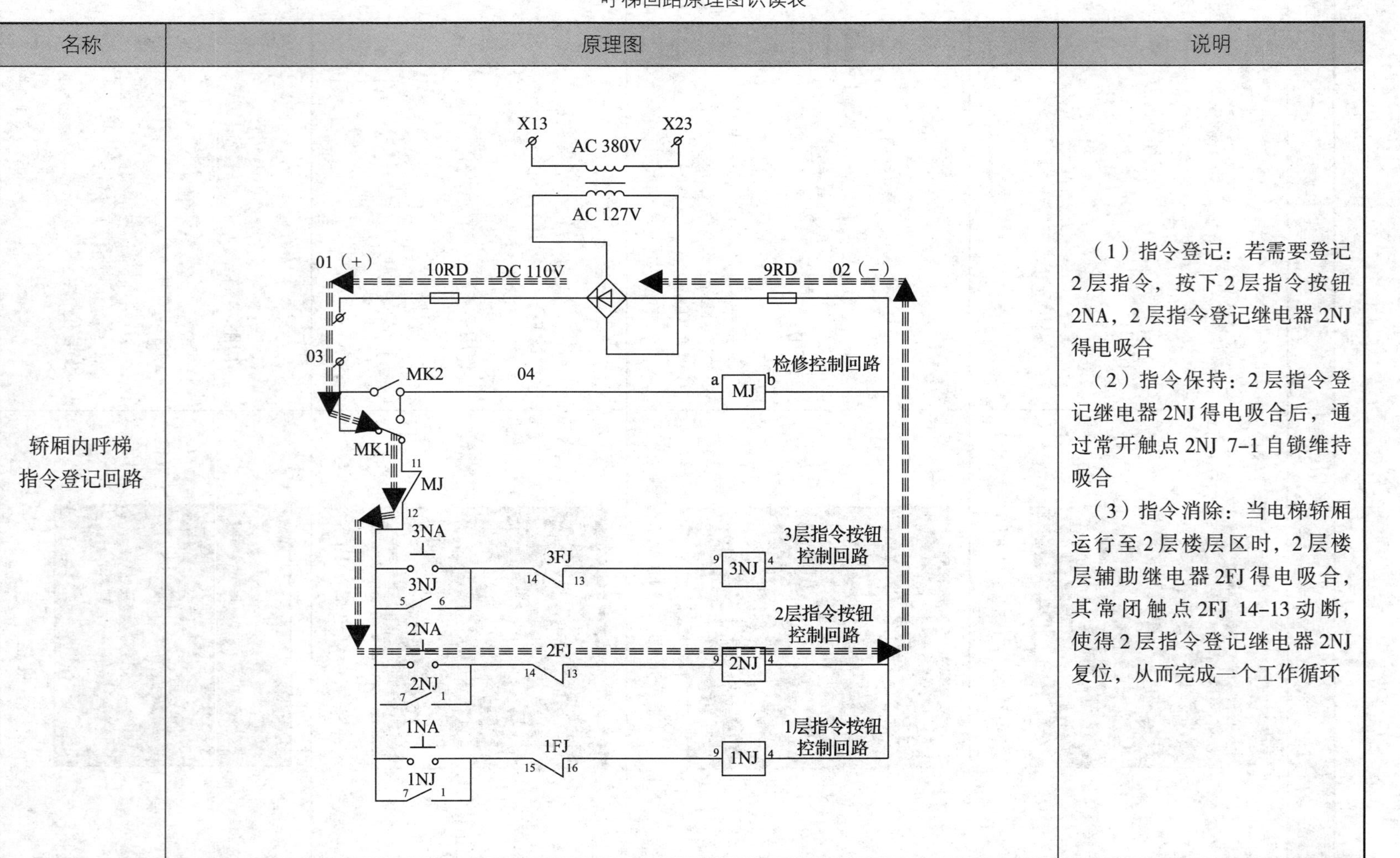	（1）指令登记：若需要登记2层指令，按下2层指令按钮2NA，2层指令登记继电器2NJ得电吸合 （2）指令保持：2层指令登记继电器2NJ得电吸合后，通过常开触点2NJ 7–1自锁维持吸合 （3）指令消除：当电梯轿厢运行至2层楼层区时，2层楼层辅助继电器2FJ得电吸合，其常闭触点2FJ 14–13动断，使得2层指令登记继电器2NJ复位，从而完成一个工作循环

续表

名称	原理图	说明
层站呼梯指令登记回路	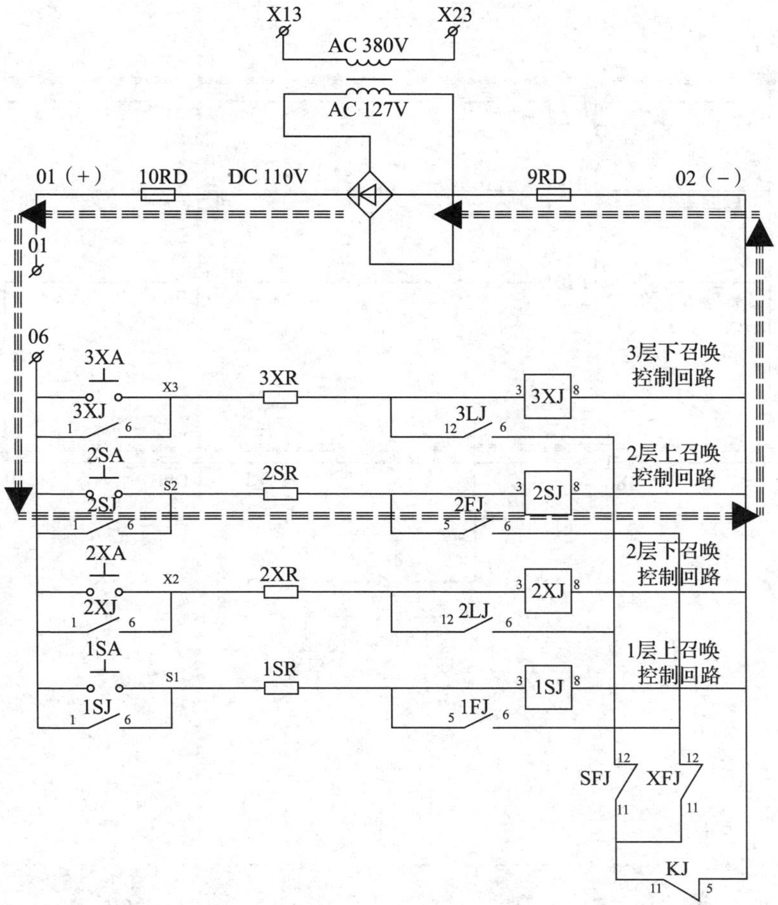 X13 X23 AC 380V AC 127V 01（+） 10RD DC 110V 9RD 02（−） 01 06 3XA 3XJ X3 3XR 3LJ 3XJ 3层下召唤控制回路 2SA 2SJ S2 2SR 2FJ 2SJ 2层上召唤控制回路 2XA 2XJ X2 2XR 2LJ 2XJ 2层下召唤控制回路 1SA 1SJ S1 1SR 1FJ 1SJ 1层上召唤控制回路 SFJ XFJ KJ	（1）指令登记：若需要登记2层上召唤信号，按下2层上召唤按钮2SA，2层上召唤继电器2SJ得电吸合 （2）指令保持：2层上召唤继电器2SJ得电吸合后，通过其常开触点2SJ 1–6自锁维持吸合 （3）指令消除：当电梯轿厢向上运行至2层楼层区时，2层楼层辅助继电器2FJ得电吸合，其常开触点2FJ 5–6动合，使得2层上召唤继电器2SJ并联等电位失电复位，从而完成一个工作循环 如果是向下运行，由于向下方向继电器XFJ常闭触点XFJ 11–12动断，2层上召唤继电器2SJ不能实现并联等电位失电复位，从而保持着登记的指令，只有当电梯向上运行时才能消除指令

续表

名称	原理图	说明
楼层控制回路	X13 X23 AC 380V AC 127V 01（+） 10RD DC 110V 9RD 02（-） YJ a 3LG b 9 3LJ 4 3层楼层回路 a 2LG b 9 2LJ 4 2层楼层回路 a 1LG b 9 1LJ 4 1层楼层回路	由感应器触点的动作可知，当轿厢隔磁板插入1层的楼层感应器1LG时，由于永磁铁的磁力作用，1LG干簧管的常闭触点1LG a–b为复位接通，故1层楼层继电器1LJ得电吸合，1层楼层信号得以获取

学习活动 2　检修前的准备

学习目标

1. 能利用故障树分析电梯呼梯失效故障的原因。

2. 能制订电梯呼梯失效故障的检修计划和方案，并进行方案优化。

建议学时　8 学时

学习过程

一、确定检修流程

1．利用故障树分析电梯呼梯失效故障的常见原因，并简述各故障原因的处理方法。

2．电梯呼梯失效故障主要分为轿厢登记故障和轿厢定向故障两类。轿厢登记故障的检修内容包括检查轿厢内的指令按钮是否点亮、检查指令登记继电器 NJ 状态、用线夹短接确认故障点、检查指令登记继电器 NJ 端子电压等。轿厢定向故障的检修内容包括检查方向继电器 XFJ 和 SFJ 状态、检查方向继电器 XFJ 和 SFJ 端子电压、检查轿厢内的指令按钮是否点亮、检查指令继电器 NJ 状态、用线夹短接确认故障点等。

根据以上信息，绘制电梯呼梯失效故障的检修流程图，并简述检修注意事项。

（1）电梯呼梯失效故障的检修流程图

（2）检修注意事项

二、制订工作计划

1．根据电梯呼梯失效故障的检修要求，制订工作计划。

工作计划表

<table>
<tr><td colspan="2">1．电梯型号</td><td colspan="3"></td></tr>
<tr><td colspan="2">2．所需的工具、量具、设备和资料</td><td colspan="3"></td></tr>
<tr><td colspan="2" rowspan="3">3．故障现象可能原因</td><td colspan="3">（1）</td></tr>
<tr><td colspan="3">（2）</td></tr>
<tr><td colspan="3">（3）</td></tr>
<tr><td colspan="2">4．故障检修方案及技术要点</td><td colspan="3"></td></tr>
<tr><td colspan="5">5．人员分工</td></tr>
<tr><td>序号</td><td>工作内容</td><td>负责人</td><td>计划完成时间</td><td>质量检验人</td></tr>
<tr><td>1</td><td></td><td></td><td></td><td></td></tr>
<tr><td>2</td><td></td><td></td><td></td><td></td></tr>
<tr><td>3</td><td></td><td></td><td></td><td></td></tr>
<tr><td>4</td><td></td><td></td><td></td><td></td></tr>
<tr><td>5</td><td></td><td></td><td></td><td></td></tr>
</table>

2．制订工作计划后，需要对计划内容、实施的检修方案进行可行性研究，并对实施地点、准备工作、过程及方案等细节进行探讨和分析，以保证后续检修工作安全、可靠地执行。试以小组为单位就以上问题进行讨论，并根据讨论结果完善工作计划，记录主要修改内容。

学习活动3 检 修 实 施

学习目标

1. 能正确使用活扳手、万用表、验电笔等工、量具，以及安全帽、安全鞋等防护用品。

2. 能进行电梯呼梯失效故障的检修，并正确填写检修记录表。

3. 检修过程中严格执行各项安全生产制度、环保制度及生产现场管理6S标准。

建议学时 20学时

学习过程

一、物料准备

根据电梯呼梯失效故障检修流程的要求，在组长的带领下，就物料名称、数量和规格等进行核对，填写电梯呼梯失效故障检修物料单，为物料领取提供凭证。

电梯呼梯失效故障检修物料单

检修人员				时间		
使用单位				地址		
领用人员				归还人员		
序号	物料名称	数量	规格	领用时间	归还时间	归还检查
1	安全帽					完好□ 损坏□
2	工作服					完好□ 损坏□
3	安全鞋					完好□ 损坏□

续表

序号	物料名称	数量	规格	领用时间	归还时间	归还检查
4	护栏					完好□　损坏□
5	十字旋具					完好□　损坏□
6	一字旋具					完好□　损坏□
7	尖嘴钳					完好□　损坏□
8	验电笔					完好□　损坏□
9	活扳手					完好□　损坏□
10	万用表					完好□　损坏□
11	手电筒					完好□　损坏□
12	短接线					完好□　损坏□

二、电梯呼梯失效故障检修

1．轿厢登记故障检修

根据下表所列项目，完成轿厢登记故障的检修，并做好记录。

轿厢登记故障检修表

项目	过程图片	实施记录
检查轿厢内的指令按钮是否点亮	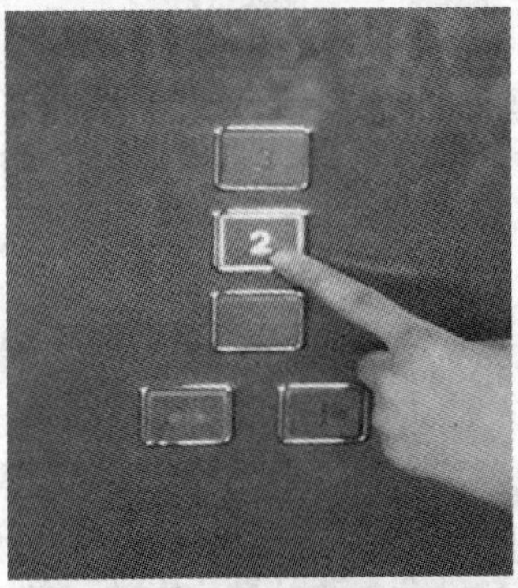	轿厢内的指令按钮是否点亮（是□　否□）
检查指令登记继电器NJ状态		指令登记继电器NJ是否吸合（是□　否□）

续表

项目	过程图片	实施记录
检查指令登记继电器NJ端子电压		用电压测量法测量指令登记继电器NJ端子电压：______V
用线夹短接确认故障点		用线夹短接怀疑有故障的端子，观察指令登记继电器NJ是否吸合（是□　否□）

2．轿厢定向故障检修

根据下表所列项目，完成轿厢定向故障的检修，并做好记录。

轿厢定向故障检修表

项目	过程图片	实施记录
检查轿厢内的指令按钮是否点亮	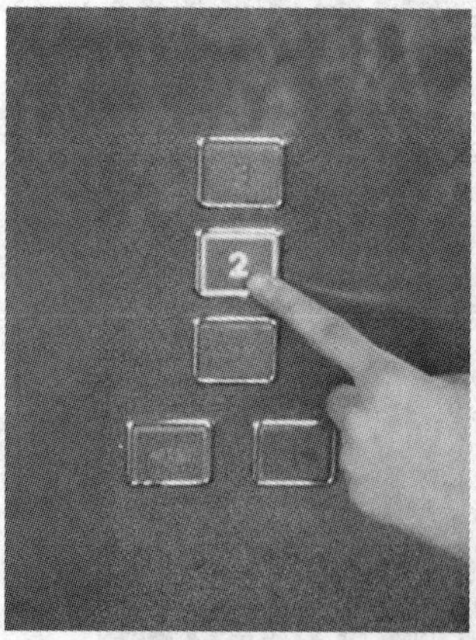	轿厢内的指令按钮是否点亮（是□　否□）

续表

项目	过程图片	实施记录
检查指令登记继电器NJ状态		指令登记继电器NJ是否吸合（是□　否□）
检查方向继电器XFJ和SFJ状态		方向继电器XFJ和SFJ是否吸合（是□　否□）
检查方向继电器XFJ和SFJ端子电压		用电压测量法测量方向继电器XFJ和SFJ的端子电压，分别为______V和______V
用线夹短接确认故障点	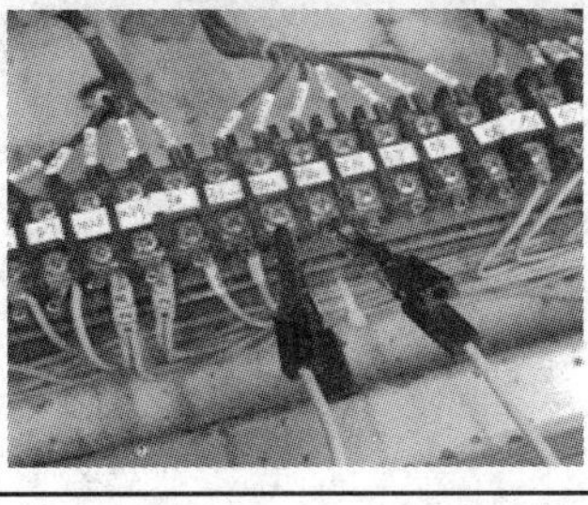	用线夹短接怀疑有故障的端子，观察方向继电器XFJ和SFJ是否吸合（是□　否□）

三、填写检修记录表

记录检修过程中遇到的问题及解决方法，并填入下表中。

检修记录表

序号	检修过程中遇到的问题	解决方法	备注

四、整理工作现场

按生产现场管理 6S 标准整理工作现场，清除作业垃圾，经指导教师检验合格后方可离开工作现场。

学习活动4　工作总结与评价

学习目标

1. 能按分组情况，派代表展示工作成果，说明本次任务的完成情况，并做分析总结。

2. 能结合任务完成情况，正确规范地撰写工作总结。

3. 能就本次任务中出现的问题提出改进措施。

4. 能对学习与工作进行反思总结，并能与他人开展良好合作，进行有效沟通。

建议学时　2学时

学习过程

一、个人、小组评价

以小组为单位，选择演示文稿、展板、海报、视频等形式中的一种或几种，向全班展示、汇报工作成果。在展示的过程中，以小组为单位进行评价；评价完成后，根据其他小组成员对本组展示成果的评价意见进行归纳总结。

汇报思路设计：

其他小组成员的评价意见：

二、教师评价

认真听取教师对本小组展示成果优缺点以及在完成任务过程中出现的亮点和不足的评价意见，并做好记录。

1．教师对本小组展示成果优点的点评。

2．教师对本小组展示成果缺点及改进方法的点评。

3．教师对本小组在整个任务完成过程中出现的亮点和不足的点评。

三、工作过程回顾及总结

1．在团队学习过程中，项目负责人给你分配了哪些工作任务？你是如何完成的？还有哪些需要改进的地方？

2．总结完成电梯呼梯失效故障检修任务过程中遇到的问题和困难，列举 2 ～ 3 点你认为比较值得和其他同学分享的工作经验。

3．回顾本学习任务的工作过程，对新学专业知识和技能进行归纳和整理，撰写工作总结。

评价与分析

按照客观、公正和公平原则，在教师的指导下按自我评价、小组评价和教师评价三种方式对自己或他人在本学习任务中的表现进行综合评价。综合等级按：A（90 ~ 100分）、B（75 ~ 89分）、C（60 ~ 74分）、D（0 ~ 59分）四个级别进行填写。

学习任务综合评价表

考核项目	评价内容	配分（分）	评价分数		
			自我评价	小组评价	教师评价
职业素养	劳动保护用品穿戴完备，仪容仪表符合工作要求	5			
	安全意识、责任意识、服从意识强	6			
	积极参加教学活动，按时完成各项学习任务	6			
	团队合作意识强，善于与人交流和沟通	6			
	自觉遵守劳动纪律，尊敬师长，团结同学	6			
	爱护公物，节约材料，管理现场符合6S标准	6			
专业能力	专业知识扎实，有较强的自学能力	10			
	操作积极，训练刻苦，具有一定的动手能力	15			
	技能操作规范，注重检修工艺，工作效率高	10			
工作成果	电梯呼梯失效故障检修符合规范要求	20			
	工作总结符合要求	10			
总分		100			
总评	自我评价 ×20%+ 小组评价 ×20%+ 教师评价 ×60%=	综合等级	教师（签名）：		

学习任务四　电梯显示不亮故障检修

学习目标

1. 能读懂电梯显示不亮故障检修任务书，与客户等相关人员进行专业沟通，明确检修任务。

2. 能描述显示回路主要元器件的作用及安装位置，识读显示回路原理图。

3. 能利用故障树分析电梯显示不亮故障的原因。

4. 能制订电梯显示不亮故障的检修计划和方案，并进行方案优化。

5. 能根据安全操作规程和检修要求，正确使用工、量具和防护用品。

6. 能进行故障查找前主要设备的检查及电梯轿厢指令显示回路、楼层方向回路和楼层显示回路故障检修，并正确填写检修记录表。

7. 能主动获取有效信息，展示工作成果，对学习与工作进行总结与反思，并能与他人开展良好合作，进行有效沟通。

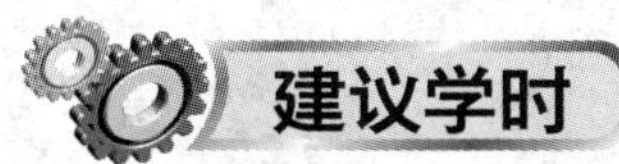

建议学时

36 学时

工作情景描述

某电信大楼一台日立 GVF 电梯出现停梯故障且显示不亮，客户向维修企业客服报修后，客服将问题反映给维保部经理，维保部经理将任务分配给维修人员，要求维修人员在 1 h 内完成电梯显示不亮故障的检修工作，使电梯正常运行。

工作流程与活动

学习活动 1　明确检修任务（6 学时）

学习活动 2　检修前的准备（8 学时）

学习活动 3　检修实施（20 学时）

学习活动 4　工作总结与评价（2 学时）

学习活动 1　明确检修任务

学习目标

1. 能识读电梯显示不亮故障检修任务书，明确检修任务。

2. 能描述显示回路主要元器件的作用及安装位置。

3. 能识读显示回路原理图。

建议学时　6 学时

学习过程

一、明确工作任务

电梯维修人员从维保部经理处领取电梯显示不亮故障检修任务书，到达现场与客户方的电梯安全员进行沟通，获取电梯型号、参数、电路图纸，阅读相关的安全操作规范，完善电梯故障现象记录，了解本次工作的基本内容。

电梯显示不亮故障检修任务书

故障日期		报修人 及联系电话	
报修时间		接报人	
地　　址		到达时间	
完成时间		困　　人	有□/无□ 困人时间：　时　分
故障现象			

续表

故障原因			
处理结果			
客户意见	客户签名：　　　　日期：		
备　　注			
维保部经理		维修作业人员	

注：“故障原因”“处理结果”和“客户意见”栏等需在完成后续相应学习活动后填写。

二、认识显示回路主要元器件

查阅相关资料，认识显示回路的主要元器件。

显示回路主要元器件认识表

图示	说明
 方向指示灯	驱动电源：交流□　直流□ 作用： 安装位置：
 指令按钮显示灯	指令按钮显示灯电压：______V

续表

图示	说明
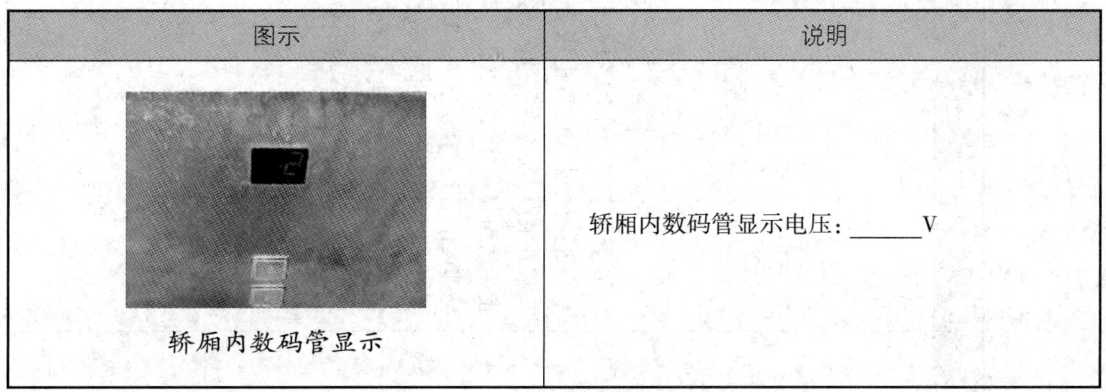 轿厢内数码管显示	轿厢内数码管显示电压：______V

1．除上表中所列元器件外，显示回路还有哪些元器件？举例说明。

2．电梯显示回路出现故障后，电梯可以运行吗？为什么？

三、识读显示回路原理图

显示回路原理图识读表

名称	原理图	说明
轿厢指令显示回路	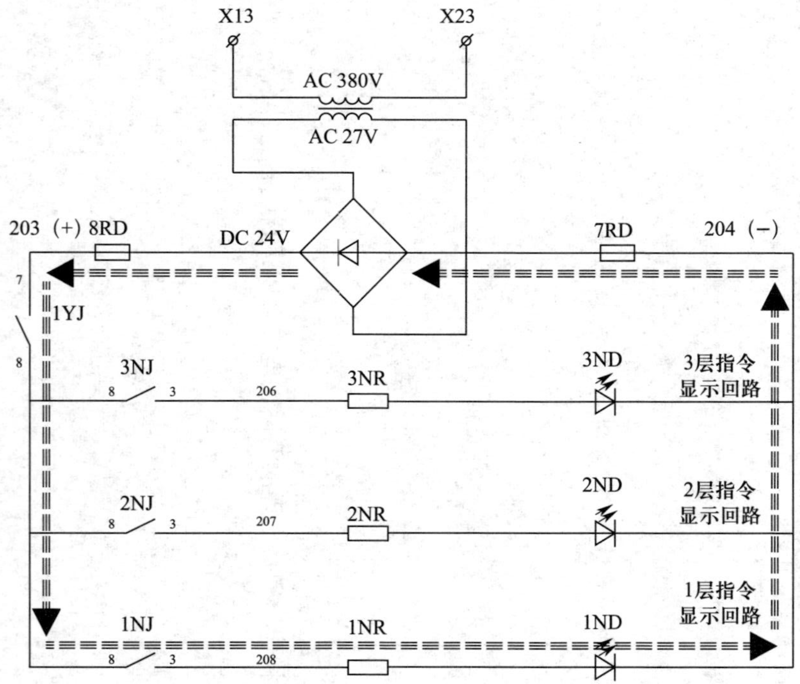	当登记1层指令时，1层指令登记继电器1NJ得电吸合，其常开触点1NJ 8–3接通，1层指令按钮显示灯1ND点亮；当电梯运行至1层楼层区时，1层指令登记继电器1NJ得电释放，其常开触点1NJ 8–3失电复位，1层指令按钮显示灯1ND熄灭

续表

<table>
<tr><th>名称</th><th>原理图</th><th>说明</th></tr>
<tr><td>楼层方向回路</td><td>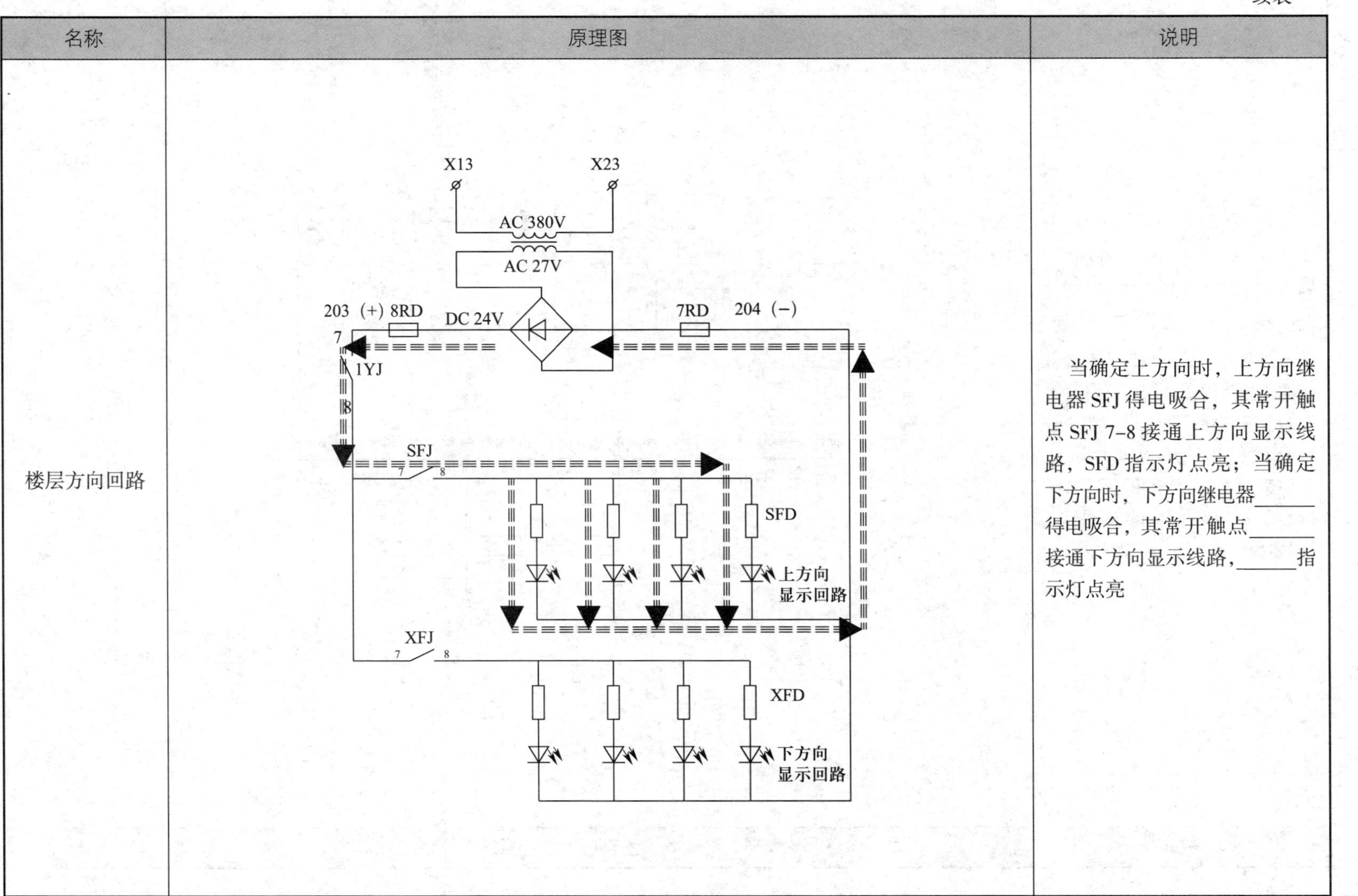
</td><td>当确定上方向时，上方向继电器 SFJ 得电吸合，其常开触点 SFJ 7–8 接通上方向显示线路，SFD 指示灯点亮；当确定下方向时，下方向继电器______得电吸合，其常开触点______接通下方向显示线路，______指示灯点亮</td></tr>
</table>

续表

名称	原理图	说明
楼层显示回路	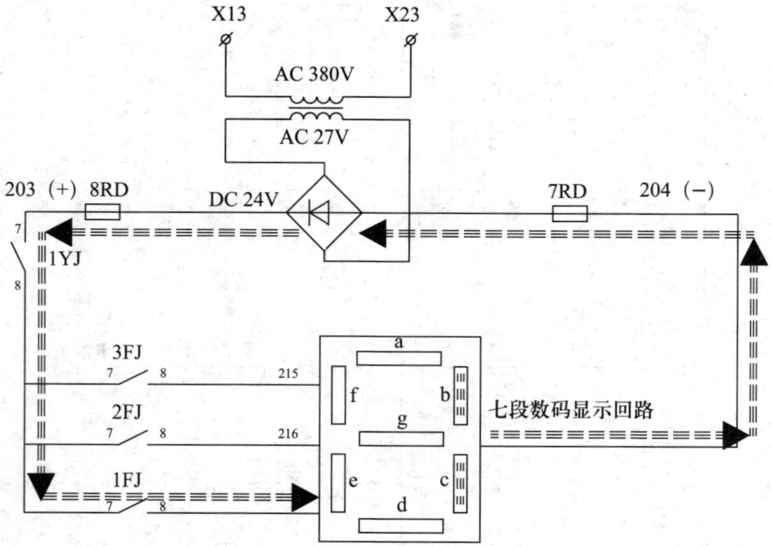	当轿厢运行至1层楼层区时，1层楼层辅助继电器1FJ得电吸合，其常开触点1FJ 7–8接通七段数码显示回路，b、c灯管点亮，显示“1”；当轿厢运行至2层楼层区时，2层楼层辅助继电器2FJ得电吸合，其常开触点______接通七段数码显示回路，____、____、____、____、____灯管点亮，显示“2”……

学习活动 2　检修前的准备

学习目标

1. 能利用故障树分析电梯显示不亮故障的原因。

2. 能制订电梯显示不亮故障的检修计划和方案，并进行方案优化。

建议学时　8 学时

学习过程

一、确定检修流程

1．利用故障树分析电梯显示不亮故障的常见原因，并简述各故障原因的处理方法。

2．电梯显示不亮故障主要分为轿厢指令显示回路故障、楼层方向回路故障和楼层显示回路故障三类。轿厢指令显示回路故障的检修内容包括检查指令按钮显示灯是否点亮、检查指令登记继电器 NJ 状态、用线夹短接确认故障点、检查电源状态等。楼层方向回路故障的检修内容包括用线夹短接确认故障点、检查方向指示灯是否点亮、检查方向继电器 SFJ 和 XFJ 状态、检查电源状态等。楼层显示回路故障的检修内容包括检查楼层辅助继电器 FJ

状态、检查电源状态、用线夹短接确认故障点、检查楼层显示数码管状态等。

根据以上信息，绘制电梯显示不亮故障的检修流程图，并简述检修注意事项。

（1）电梯显示不亮故障的检修流程图

（2）检修注意事项

二、制订工作计划

1．根据电梯显示不亮故障的检修要求，制订工作计划。

工作计划表

<table>
<tr><td>1. 电梯型号</td><td colspan="4"></td></tr>
<tr><td>2. 所需的工具、量具、设备和资料</td><td colspan="4"></td></tr>
<tr><td rowspan="3">3. 故障现象可能原因</td><td colspan="4">（1）</td></tr>
<tr><td colspan="4">（2）</td></tr>
<tr><td colspan="4">（3）</td></tr>
<tr><td>4. 故障检修方案及技术要点</td><td colspan="4"></td></tr>
<tr><td colspan="5">5. 人员分工</td></tr>
</table>

序号	工作内容	负责人	计划完成时间	质量检验人
1				
2				
3				
4				
5				

2. 制订工作计划后，需要对计划内容、实施的检修方案进行可行性研究，并对实施地点、准备工作、过程及方案等细节进行探讨和分析，以保证后续检修工作安全、可靠地执行。试以小组为单位就以上问题进行讨论，并根据讨论结果完善工作计划，记录主要修改内容。

学习活动3 检 修 实 施

学习目标

1. 能正确使用活扳手、万用表、验电笔等工、量具，以及安全帽、安全鞋等防护用品。

2. 能进行电梯显示不亮故障的检修，并正确填写检修记录表。

3. 检修过程中严格执行各项安全生产制度、环保制度及生产现场管理6S标准。

建议学时 20学时

学习过程

一、物料准备

根据电梯显示不亮故障检修流程的要求，在组长的带领下，就物料名称、数量和规格等进行核对，填写电梯显示不亮故障检修物料单，为物料领取提供凭证。

电梯显示不亮故障检修物料单

检修人员				时间		
使用单位				地址		
领用人员				归还人员		
序号	物料名称	数量	规格	领用时间	归还时间	归还检查
1	安全帽					完好□　损坏□
2	工作服					完好□　损坏□
3	安全鞋					完好□　损坏□

续表

序号	物料名称	数量	规格	领用时间	归还时间	归还检查
4	护栏					完好□　损坏□
5	十字旋具					完好□　损坏□
6	一字旋具					完好□　损坏□
7	尖嘴钳					完好□　损坏□
8	验电笔					完好□　损坏□
9	活扳手					完好□　损坏□
10	万用表					完好□　损坏□
11	手电筒					完好□　损坏□
12	短接线					完好□　损坏□

二、电梯显示不亮故障检修

1．轿厢指令显示回路故障检修

根据下表所列项目，完成轿厢指令显示回路故障的检修，并做好记录。

轿厢指令显示回路故障检修表

项目	过程图片	实施记录
检查指令按钮显示灯是否点亮	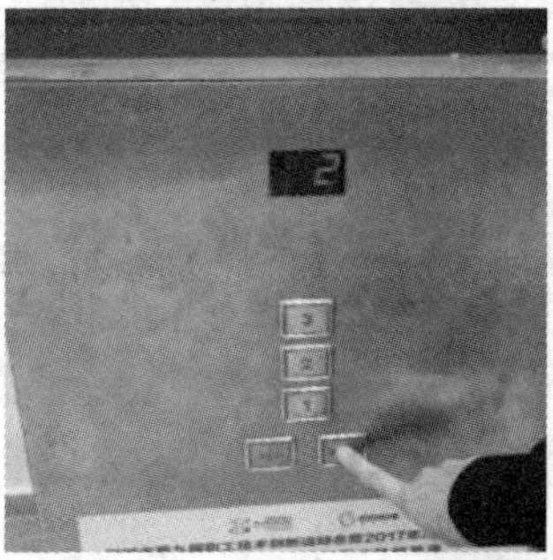	按指令按钮，指令按钮显示灯是否点亮（是□　否□）
检查电源状态	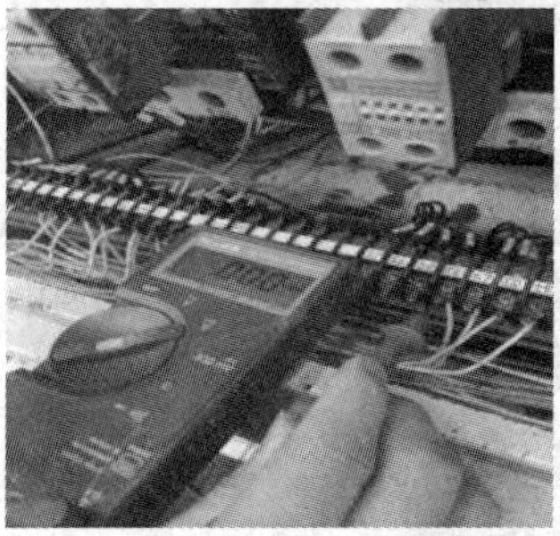	在端子 203 与 204 上检查 24 V 电源是否通电（是□　否□）

续表

项目	过程图片	实施记录
检查指令登记继电器 NJ 状态		指令登记继电器 NJ 是否吸合（是□ 否□）
用线夹短接确认故障点		检查轿厢指令显示回路各端子触点电压是否正常，若不正常，用线夹短接怀疑有故障的端子，观察指令按钮显示灯是否点亮（是□ 否□）

2．楼层方向回路故障检修

根据下表所列项目，完成楼层方向回路故障的检修，并做好记录。

楼层方向回路故障检修表

项目	过程图片	实施记录
检查方向指示灯是否点亮		方向指示灯是否点亮（是□ 否□）
检查电源状态		在端子 203 与 204 上检查 24 V 电源是否通电（是□ 否□）

续表

项目	过程图片	实施记录
检查方向继电器 SFJ 和 XFJ 状态		方向继电器 SFJ 和 XFJ 是否吸合（是□　否□）
用线夹短接确认故障点		检查楼层方向回路各端子触点电压是否正常，若不正常，用线夹短接怀疑有故障的端子，观察方向指示灯是否点亮（是□　否□）

3．楼层显示回路故障检修

根据下表所列项目，完成楼层显示回路故障的检修，并做好记录。

楼层显示回路故障检修表

项目	过程图片	实施记录
检查楼层显示数码管状态		楼层显示数码管是否点亮（是□　否□）
检查电源状态		在端子 203 与 204 上检查______V 电源是否通电（是□　否□）

续表

项目	过程图片	实施记录
检查楼层辅助继电器FJ状态		楼层辅助继电器FJ是否吸合（是□　否□）
用线夹短接确认故障点		检查楼层显示回路各端子触点电压是否正常，若不正常，用线夹短接怀疑有故障的端子，观察楼层显示数码管是否点亮（是□　否□）

三、填写检修记录表

记录检修过程中遇到的问题及解决方法，并填入下表中。

检修记录表

序号	检修过程中遇到的问题	解决方法	备注

四、整理工作现场

按生产现场管理6S标准整理工作现场，清除作业垃圾，经指导教师检验合格后方可离开工作现场。

学习活动 4　工作总结与评价

学习目标

1. 能按分组情况，派代表展示工作成果，说明本次任务的完成情况，并做分析总结。

2. 能结合任务完成情况，正确规范地撰写工作总结。

3. 能就本次任务中出现的问题提出改进措施。

4. 能对学习与工作进行反思总结，并能与他人开展良好合作，进行有效沟通。

建议学时　2 学时

学习过程

一、个人、小组评价

以小组为单位，选择演示文稿、展板、海报、视频等形式中的一种或几种，向全班展示、汇报工作成果。在展示的过程中，以小组为单位进行评价；评价完成后，根据其他小组成员对本组展示成果的评价意见进行归纳总结。

汇报思路设计：

其他小组成员的评价意见：

二、教师评价

认真听取教师对本小组展示成果优缺点以及在完成任务过程中出现的亮点和不足的评价意见，并做好记录。

1．教师对本小组展示成果优点的点评。

2．教师对本小组展示成果缺点及改进方法的点评。

3．教师对本小组在整个任务完成过程中出现的亮点和不足的点评。

三、工作过程回顾及总结

1．在团队学习过程中，项目负责人给你分配了哪些工作任务？你是如何完成的？还有哪些需要改进的地方？

2．总结完成电梯显示不亮故障检修任务过程中遇到的问题和困难，列举 2 ～ 3 点你认为比较值得和其他同学分享的工作经验。

3．回顾本学习任务的工作过程，对新学专业知识和技能进行归纳和整理，撰写工作总结。

评价与分析

按照客观、公正和公平原则，在教师的指导下按自我评价、小组评价和教师评价三种方式对自己或他人在本学习任务中的表现进行综合评价。综合等级按：A（90 ~ 100 分）、B（75 ~ 89 分）、C（60 ~ 74 分）、D（0 ~ 59 分）四个级别进行填写。

学习任务综合评价表

考核项目	评价内容	配分（分）	评价分数		
			自我评价	小组评价	教师评价
职业素养	劳动保护用品穿戴完备，仪容仪表符合工作要求	5			
	安全意识、责任意识、服从意识强	6			
	积极参加教学活动，按时完成各项学习任务	6			
	团队合作意识强，善于与人交流和沟通	6			
	自觉遵守劳动纪律，尊敬师长，团结同学	6			
	爱护公物，节约材料，管理现场符合 6S 标准	6			
专业能力	专业知识扎实，有较强的自学能力	10			
	操作积极，训练刻苦，具有一定的动手能力	15			
	技能操作规范，注重检修工艺，工作效率高	10			
工作成果	电梯显示不亮故障检修符合规范要求	20			
	工作总结符合要求	10			
总分		100			
总评	自我评价 ×20%+ 小组评价 ×20%+ 教师评价 ×60%=	综合等级	教师（签名）：